采矿工程专业毕业设计指导

（地下开采部分）

主　编　路增祥
副主编　张治强　温彦良
常　帅　李　楠

北　京
冶金工业出版社
2018

内 容 提 要

本书围绕高等学校采矿工程专业卓越工程师培养目标和应用型转型的要求，结合采矿工程专业学生毕业设计的特点，以金属矿床地下开采工程设计为主线，从矿床地质、储量计算与生产能力确定、矿床开拓、矿井提升与运输、采矿方法、矿井通风与排水、矿井采掘进度计划编制等方面进行阐述，涵盖了必要的专业基础知识和工程设计思想。

本书为采矿工程专业卓越工程师教育培养计划配套教材，也可作为冶金行业高校采矿类专业本科生毕业设计的指导教材，并可供其他相关专业师生以及矿山设计与生产管理的工程技术人员参考。

图书在版编目(CIP)数据

采矿工程专业毕业设计指导. 地下开采部分/路增祥主编. —北京：冶金工业出版社，2018.9

卓越工程师教育培养计划配套教材

ISBN 978-7-5024-7872-8

Ⅰ.①采… Ⅱ.①路… Ⅲ.①矿山开采—地下开采—毕业设计—高等学校—教材 Ⅳ.①TD8

中国版本图书馆CIP数据核字(2018)第217207号

出 版 人 谭学余

地　　址 北京市东城区嵩祝院北巷39号 邮编 100009 电话 (010)64027926

网　　址 www.cnmip.com.cn 电子信箱 yjcbs@cnmip.com.cn

责任编辑 宋 良 美术编辑 吕欣童 版式设计 孙跃红

责任校对 郑 娟 责任印制 牛晓波

ISBN 978-7-5024-7872-8

冶金工业出版社出版发行；各地新华书店经销；三河市双峰印刷装订有限公司印刷

2018年9月第1版，2018年9月第1次印刷

169mm×239mm；14印张；273千字；216页

30.00元

冶金工业出版社 投稿电话 (010)64027932 投稿信箱 tougao@cnmip.com.cn

冶金工业出版社营销中心 电话 (010)64044283 传真 (010)64027893

冶金书店 地址 北京市东四西大街46号(100010) 电话 (010)65289081(兼传真)

冶金工业出版社天猫旗舰店 yjgycbs.tmall.com

(本书如有印装质量问题，本社营销中心负责退换)

前　言

大学生毕业前的毕业设计，是学生综合运用所学知识的一个重要实践过程，也是极其重要的综合性教学环节。毕业设计是对教学质量的检验，是对学生的综合素质及能力的培养。通过毕业设计可以锻炼和提高学生分析问题、解决问题的能力，培养和锻炼学生调查研究、查阅和运用科技资料从事科学研究的能力。

本书作为冶金行业高校采矿工程专业学生毕业设计的指导教材，书中内容编排以国家现行金属非金属安全生产规程、规范和冶金矿山设计规范等为标准，以工程设计过程为主线，从矿床地质、储量计算与生产能力确定、矿床开拓、矿井提升与运输、采矿方法、矿井通风与排水、矿井采掘进度计划编制等方面进行阐述，涵盖了必要的专业基础知识和工程设计思想，注重工程实践教育，侧重简明性、通俗性和实用性。

本书由路增祥担任主编，张治强、温彦良、常帅、李楠担任副主编。具体编写分工为：

第 1 章　矿区概况，由张治强负责编写

第 2 章　矿山工作制度及设计生产能力，由路增祥负责编写

第 3 章　矿床开拓，由张治强负责编写

第 4 章　井底车场设计，由路增祥负责编写

第 5 章　主要开拓工程断面设计，由李楠负责编写

第 6 章　矿井提升与运输，由常帅负责编写

第 7 章　矿井通风，由张治强负责编写

第 8 章　矿井排水，由路增祥负责编写

第 9 章　矿井动力供应，由路增祥负责编写

第 10 章　采矿方法，由温彦良负责编写

第 11 章　矿山总平面布置，由路增祥负责编写

第 12 章 矿床开采进度计划编制，由路增祥负责编写

在编写过程中，参阅了大量相关文献，在此特向文献作者表示感谢。

感谢辽宁科技大学教材建设基金对本书编写和出版工作的支持与资助。

由于编者水平有限，书中不妥之处在所难免，诚请读者批评指正。

编 者

2018 年 5 月于辽宁科技大学

目　录

1 矿区概况

第一节　设计任务与内容

一、设计任务

本章的主要任务是收集设计基础资料。通过邀请现场有关工程技术人员作报告，查阅矿井地质勘探报告、矿井初步设计说明书及图纸以及其他有关资料，到井下实际调查、观测、参加劳动，同工人和工程技术人员座谈，辅以邀请工程技术人员作专题报告等方式，深入了解实际情况，收集相关资料。主要应了解以下内容：

了解矿区的地理位置及行政隶属关系以及交通情况，绘制简单的矿区交通位置图。

了解矿区附近工业、农业状况；矿区的水、电、生产材料等供应情况。

了解矿区气候条件，年最高、最低及平均气温，年降雨量和历年最高洪水位，年降雪量，结冻时间和结冻深度，主导风向、最大风速，地震烈度等。

了解矿区地形及标高，地面河流、湖泊、建筑物和铁路分布情况。

了解矿床地质概况、矿石质量、矿床开采技术条件和水文地质条件。

了解矿床勘探类型、勘探线及钻孔的分布、储量等级的圈定和实际确定的可采厚度，按不同水平（或按标高）计算的工业储量和可采储量，储量计算方法。

二、设计内容

（一）毕业设计说明书

根据设计的具体内容，本章的标题为“矿区概况”，可分为 2 部分：

其一为“矿区自然条件概况”。主要描述矿区位置及交通、矿区自然地理及经济概况。附矿区交通位置图。

其二为“矿区地质资源概况”。主要描述矿床地质概况、矿床开采技术条件和水文地质条件、矿床勘探类型及勘探网度，并进行矿石储量计算。

（二）注意的问题

（1）搜集资料的过程中，应虚心向工程技术人员和工人学习，搜集既符合实际情况又经过综合分析的资料，不能只满足抄录一些陈旧的资料。

(2) 编写毕业设计说明书时，尽量用图表反映收集到的资料，辅以必要的文字说明。编制的图表和文字说明应准确、整齐、明晰，内容要经过反复核实。

(3) 注意资料的保密，防止资料丢失。

第二节　矿区自然条件概况

一、矿区地理及行政概况

(1) 概述矿区地理位置及行政隶属关系，矿区所在位置与主要城镇之间的距离。

(2) 交通条件。矿区附近铁路、公路、水运条件，矿区内外部运输方便程度。

(3) 绘制矿区交通位置示意图。

二、矿区经济条件概况

(1) 矿区附近工业情况。

(2) 矿区附近农业情况。

(3) 矿区主要生产用材料及燃料供应情况（如建筑材料、木材、水泥、燃料等来源条件）。

(4) 矿区劳动力来源。

(5) 矿区用水、动力供应情况（工业民用水及电来源）。

三、矿区自然条件

(1) 矿区气候条件。

1) 年最高、最低及平均气温；

2) 年降雨量（最大、最小及平均值），降雨时间，历史最高洪水位；

3) 年降雪量（最大、最小及平均值），结冻时间，结冻深度；

4) 矿区常年主导风向及风力；

5) 矿区地震等级。

(2) 矿区地形及标高，山脉、河流、湖泊分布情况。

第三节　矿区地质资源概况

一、矿床地质概况

(1) 矿床成因类型及工业类型。

(2) 矿体数量、产状、形态、空间位置、分布规律及其相互间关系。

（3）矿区地质构造（断裂、构造和破碎带等）的性质、分布情况及其对成矿的控制或对矿体的破坏情况。

（4）各矿体的走向长度、厚度、倾角，矿体延伸情况等。按表 1-1 列出各矿体产状及特征。

表 1-1　矿体产状及特征汇总表

序号	矿体号 / 赋存特征		Ⅰ	Ⅱ	Ⅲ	…
1	矿体走向/(°)					
2	矿体倾向/(°)					
3	矿体走向长度/m					
4	矿体倾角/(°)	最大				
		最小				
		平均				
5	矿体厚度/m	最大				
		最小				
		平均				
6	矿体赋存标高/m					
7	矿体延伸深度/m					
8	矿体形态及其变化					

二、矿石质量

（1）矿石类型。

（2）矿石品位及其变化情况。

（3）矿石氧化程度及含泥情况。

三、矿床开采技术条件和水文地质条件

1. 矿床开采技术条件

（1）各矿体及上、下盘岩石名称、坚固性系数（f 值）；矿岩的节理裂隙的发育程度及其分布规律（表 1-1）。

（2）矿石和围岩的物理力学性质。包括矿岩的稳固性，硫化矿石的结块性、氧化性、自燃性及二氧化硅含量，矿岩的抗压、抗剪、抗拉强度，矿岩允许暴露面积，矿岩容重，松散系数、自然安息角等。

2. 水文地质条件

（1）矿区水文地质概况，地表水与地下联系及其对矿床开采的影响。

(2) 矿区含水层分布状况及其水力联系。

(3) 矿区地下水的化学性质（pH 值）及涌水量。

3. 地表允许陷落的可能性及岩石移动角

四、矿床勘探类型及勘探网度

了解矿床的勘探类型与勘探网度。

五、矿石储量计算

(1) 储量计算工作指标：边界品位、最低工业品位、最小可采厚度、夹石剔除厚度。

(2) 储量计算方法。储量计算方法较多，毕业设计采用断面法进行储量计算。断面法是利用一系列断面图，把矿体截为若干段，分别计算这些块段储量，然后将各块段储量相加即为矿体的总储量。

计算块段的体积时，按各块段的形态选用不同的公式计算，常用的几种计算公式见表 1-2。

表 1-2 几种常用的矿体块段体积计算公式

方法名称	计算公式	符号释义	适用条件
梯形公式法	$V=\frac{1}{2}(S_1+S_2)L$	V—两剖面间矿体的体积； L—两剖面间的距离； S_1、S_2—两剖面上矿体的面积	相邻两剖面上矿体面积差小于 40%，即：$\frac{S_1-S_2}{S_1}<40\%$
圆台公式法	$V=\frac{1}{3}(S_1+S_2+\sqrt{S_1S_2})L$	符号同前	相邻两剖面上矿体面积差大于 40%
楔形公式法	$V=\frac{1}{2}SL$	V—矿体尖灭端楔形体体积； L—矿体尖灭端与剖面间的距离； S—剖面上矿体的面积	当某剖面处于矿体边缘，而体积呈楔形尖灭时
圆锥体公式法	$V=\frac{1}{3}SL$	V—矿体尖灭端圆锥体体积； 其他符号同前	当某剖面处于矿体边缘，而体积呈圆锥形尖灭时
近似角柱体辛普生公式法	$V=\frac{L}{6}(S_1+4S_m+S_2)$	S_m—S_1与S_2之间的插入面积； 其他符号同前 （S_m的圈定方法：先将S_1、S_2分别绘在透明纸上，再按对应坐标重叠起来，然后把S_1与S_2对应点的中点连接起来，即可圈出S_m图形）	当两个相邻剖面形状不相同，而面积又相差悬殊时

（3）储量计算按上述方法算出矿量后，汇总在表1-3中。

表1-3　矿石储量汇总表

阶段水平 /m	矿体号			阶段矿量 /kt	品位 /%
	Ⅰ	Ⅱ	…		
×××					
×××					
×××					
×××					
小计					
远景储量					
合计					

2 矿山工作制度及设计生产能力

第一节 设计任务与内容

一、设计任务

矿山工作制度与设计生产能力是矿山企业建成后进行生产组织与管理的重要依据。矿山生产的各个工艺环节组成了矿山的整个系统。合理的设计和建设，应当是单个环节和选取的指标，以及各环节的相互配合，既先进又切实可行。

根据地质资源、矿山的具体自然地理条件、技术经济因素，以当前行之有效的技术和装备水平进行开采为基础，进行与矿山开采总体方案相联系的经济比较，验证设计矿山在技术上有可能达到的生产能力，是采矿专业学生在毕业设计时必须完成的设计任务之一。

矿山企业生产能力是指矿山企业正常生产时期内单位时间所生产的矿石量。黑色金属矿山一般以年产矿石量来表示，有色金属矿山则通常以日处理矿石量来表示。矿山企业生产能力的确定是关系到矿山建设和生产组织的重要问题，是企业设计的重要依据，它决定着企业的建设规模、技术装备水平、生产服务年限、职工劳动定员等因素。

地下开采的生产环节多、生产技术复杂、作业条件差、管理要求高、对资源和开采技术条件变化的应变能力差，而且地下开采矿山建设周期长，从投产到达产的时间长，学生在设计中，要特别注意对资源和开采技术条件进行系统研究，要充分估计地下开采的各种不利因素，留有充分的生产能力调节余地。

二、设计内容

（一）毕业设计说明书

根据设计的具体内容，本章的标题为“矿山工作制度与矿山生产能力”，可分为 2 部分：

其一为“矿山工作制度”。学生需根据所开采资源的种类和对开采强度的要求，给出矿山的工作制度。

其二为“矿山生产能力”。学生需根据设计任务给定的生产能力范围，通过计算确定矿山的生产能力，并至少采用三种生产能力验证方法进行验证。

（二）注意的问题

（1）矿山工作制度和矿山设计生产能力是采矿、掘进、通风、运输、提升等设计的依据。设计时，学生要注意前后设计数据的一致性，防止产生矛盾。

（2）学生必须对所设计的生产能力进行验证。验证方法应包括按经济合理服务年限校核生产能力的方法。

第二节 矿山工作制度

为了保证设备的维护与检修，《冶金矿山采矿设计规范》（GB50830—2013）对矿山的工作制度做了明确的规定："矿山宜采用连续工作制，年工作天数宜为300~330d，每天宜为3班，每班宜为8h"。

矿山的工作制度可根据具体条件采用年工作天数为330天的连续工作制度或306天的间断工作制度。如，特大型和大、中型矿井宜采用每周6天、每天3班、每班8小时的间断工作制，年工作天数为306天；一些中小型矿山也可采用每天2班、每班8小时的间断工作制。对于采选联合企业，为配合选矿生产的连续性，经常采用年工作日数为330天的连续工作制。矿山生产实际中，从事采掘生产的主要工种通常采用四六制（即每天4班，每班工作6h）；而通风、排水、运输和提升等辅助工种通常采用三八制（即每天3班，每班工作8h）。

当矿尘中有毒或有毒矿物含量较高、矿石中含有放射性物质、井下淋水量或滴水量较大时，作业工人每天的工作时间可适当缩短。某些情况下，为提高采矿强度，也可采用连续工作制。

学生在进行毕业设计时，应参照上述内容，对设计矿山的工作制度做出明确的安排，并且在生产安排时，如果同时采用两种工作制度，要注意安排好作业班次的衔接工作。

第三节 矿山年生产能力

一、确定生产能力的原则和影响因素

（一）确定矿山生产能力的原则

（1）匹配原则：矿山生产能力、矿山服务年限与储量规模相匹配原则。

（2）政策原则：必须符合国家的政策，符合国家、地区和区域总体发展规划的要求，符合社会经济可持续发展和生态环境保护的要求。

（3）市场原则：必须符合国家经济和社会的需要，产品要有可靠的市场。

(4) 技术先进可行原则：所确定的生产能力必须与现有技术相结合，在现有技术条件下必须能够达到，同时也要体现技术的先进性。

(5) 经济原则：经济合理，能获得良好的经济效益和社会效益。

(二) 确定生产能力的主要影响因素

(1) 市场需求因素：国民经济和社会需要，产品市场范围、容量和销售条件，国内、国外市场状况等。

(2) 矿床地质条件和开采技术条件：这些条件决定着所采用的采矿方法及矿块（段）的生产能力。

(3) 矿床的勘探程度和资源储量：确定矿山企业生产能力，必须建立在可靠的地质勘查资料和有足够的规定级别的资源储量的基础上。

(4) 工艺技术和装备水平：必须充分考虑科技进步因素，在其他条件基本相同时，不同工艺技术可能得到不同的规模。同时要考虑生产的可能条件，包括企业素质与规模、技术、装备的适用性。

(5) 外部建设条件：包括材料供应、供电、供水、交通运输等供给条件以及环境生态的承受能力。

当矿山资源储量一定时，矿山生产能力与矿山服务年限成反比。矿山生产能力大，则矿山服务年限短；反之，则矿山服务年限长。

二、矿山生产能力计算

确定矿山生产能力的方法很多，各种计算方法均有一定的局限性和适用条件。学生设计时可下列方法计算矿山的生产能力：

(一) 根据矿床开采技术可能性计算矿山生产能力

1. 按同时生产矿块数量计算生产能力

矿山生产能力是由同时回采的阶段和阶段内同时回采的矿块（留矿法还包括大量出矿的采场）来保证的。阶段内的矿块是由既定的采矿方法及其矿块构成要素来确定的。按同时回采矿块数计算矿山生产能力的公式如下：

$$A = \frac{NKqEt}{1 - Z} \tag{2-1}$$

式中 A——矿山或阶段年生产能力，t/a；

N——一个阶段内可布置的有效矿块数，个；

K——同时回采矿块的利用系数，可参考表 2-1；

q——矿块的日生产能力，t/d；

E——地质影响系数，0.7~1.0；

t——矿山年工作日，d；

Z——副产矿石率，%。

在采用式2-1计算矿山年生产能力时，应注意以下问题：

(1) 阶段内有效矿块的数量可采用矿块布置法来确定，一是在阶段平面图上直接作图来确定；二是根据阶段内矿体的平均有效长度、拟采用的采矿方法的矿块长度和间柱宽度来确定。

(2) 所谓有效矿块，是指在阶段平面图上的矿体轮廓范围内，剔除矿体两翼边角、上下狭窄、短小不完整部分和因地质构造破坏等原因需留临时（或永久）矿柱地段的矿体外，可布置的矿块。

(3) 同时回采的阶段数。矿床开采时，允许多阶段同时回采，但考虑管理和安全上的问题，矿山同时回采的阶段数不应多于3个，最理想的是“1个阶段残采（回收矿柱及边角矿体），1个阶段回采，1个阶段开拓准备”。同时回采的阶段数取决于生产能力的需求、阶段的生产准备、回采工作的配合关系以及所采用的采矿方法，参见表2-1。

表2-1 常用同时回采的阶段数

采矿方法	同时回采阶段数/个	阶段间配合关系
空场法	1~2	分段法和阶段矿房法，上阶段回采矿柱，下阶段回采矿房
留矿法	1~2	两阶段同时回采，上阶段回采矿柱，下阶段回采矿房
充填法	1~3	上阶段回采矿柱，下阶段回采矿房
崩落法	1	可同时两个分段回采，但需注意超前关系

(4) 同时回采矿块的利用系数，是指同一阶段内同时回采的矿块（不包括备用矿块）数量与有效矿数量之比，矿块的利用系数一般为0.3~0.6。设计时，可参考表2-2选取。当矿体厚度适中、矿石稳固、不需要支护、水文地质条件简单且有可能对下分段提前凿岩时，取大值；反之则取小值。

表2-2 同时回采矿块利用系数参考值

类别	技术条件	回采矿块利用系数	备注
Ⅰ	（1）矿体复杂，矿块地质储量小，出矿周期短； （2）矿体规整，矿块地质储量大，出矿周期长； （3）介于二者之间	0.23~0.25 0.35~0.50 0.25~0.35	不包括脉状、层状矿体
Ⅱ	无底柱分段崩落法	为出矿进路的 $\frac{1}{4\sim6}$	4~6为有效进路数
Ⅲ	（1）盘区开采，沿脉装车，无溜井 （2）矿块垂直走向布置沿脉装车，无溜井	0.30~0.35	

(5) 当采用无底柱分段崩落法时，应用式（2-1）时须注意，所有与矿块相关

的参数均需转化为回采进路，如“矿块利用系数”转化为“进路利用系数”等。

（6）副产矿石率 Z 为采准、切割工程掘进时所产出的矿石量占矿块中采出矿石量的比重（%）。采矿方法不同，副产矿石率也不相同。一般地，Z 值的变化范围为 8%~15%，其准确值在采矿方法采切工程量计算和矿块采出矿量计算过程中求得。

2. 按回采工作面推进距离计算生产能力

按回采工作面推进距离计算矿山生产能力的公式如下：

$$A=\frac{1}{K}\sum LBa \tag{2-2}$$

式中 $\sum$——回采工作面数总和；

L——回采工作面年推进距离，m；

B——工作面宽度，m；

a——单位面积采出的矿石量，t/m²：

$$a = Km\gamma\frac{1-q}{1-\rho} \tag{2-3}$$

m——矿体平均厚度，m；

γ——矿石密度，t/m³；

ρ——矿石贫化率，%；

q——矿石损失率，%；

K——矿块中采出矿石的比重，%。

3. 按矿床开采的年下降速度计算生产能力

年下降速度与开采矿山的地质条件、回采工艺、机械化程度、技术管理水平等密切相关。按矿床开采的年下降速度计算生产能力时可采用下式：

$$A=\frac{vS\gamma\alpha}{1-\rho}K_1K_2E \tag{2-4}$$

式中 v——回采阶段的年下降速度，m/a，可参考表 2-4~表 2-6 取值；

S——矿体的回采面积，m²；

γ——矿石密度，t/m³；

α——矿石回收率，%。

K_1——矿体的厚度修正系数；

K_2——矿体的倾角修正系数；

E——地质影响系数，$E=0.7\sim1.0$。

在采用式（2-4）计算矿山年生产能力时，应注意以下问题：

（1）矿体倾角和厚度修正系数。所设计矿山和类比矿山的条件基本一致时，K_1 和 K_2 分别取 1；若设计矿山的矿体倾角和厚度与类比矿山相比较大时，K_1 和

K_2 可分别取 1.1~1.2；反之，可取 0.8~0.9 或更小，见表 2-3。

表 2-3 矿体厚度和倾角修正系数 K_1 、K_2 值

矿体厚度/m	修正系数 K_1	矿体倾角/(°)	修正系数 K_2
<5	1.25	90	1.2
<7~12	1.2	70	1.1
12~35	1.0	60	1.0
40~60	0.8	45	0.9
>60	0.6	30	0.8

（2）在采用不同的采矿方法时，应按不同矿体，不同采矿方法分别估算下降速度，最后取其综合指标。

（3）缓倾斜的薄矿体的下降速度按沿倾斜方向的下降速度值进行计算。

（4）表 2-4~表 2-6 给出了不同采矿方法的综合年下降速度、金属矿床地下开采年下降速度和黑色冶金矿山技术经济指标的年下降速度参考值。

表 2-4 不同采矿方法的综合年下降速度参考值

采矿方法	统计矿山数	阶段下降速度/m·a^{-1}							
		长<600m 或面积 1000~2000m^2		长 600~1000m 或面积 1000~2000m^2		长 1000~1500m 或面积 1000~2000m^2		长>1500m 或面积 10000~20000m^2	
		多阶段	正常	多阶段	正常	多阶段	正常	多阶段	正常
浅孔留矿法	15	35	15~25	21	6~15	—	—	—	—
极薄脉群留矿法	9	21.75	10~15	13	7-10	—	—	10	6~8
充填法	7	—	6~8	10	6~9	15	5~7		4~5
分段空场法	8	40	20~30	30~40	15~20	30	12~18	20.8	10~15
有底柱崩落法	8	45	25~40	30~40	15~25	30	10~20	20~30	6~20
无底柱崩落法	4	—	20~32	—	15~25	—	8~12	—	5~8

表 2-5 金属矿床地下开采年下降速度

矿体长度/m		回采面积/m^2	阶段下降速度/m·a^{-1}					
			最大值		最小值		平均值	
薄及中厚矿体	厚矿体		单阶段	两阶段	单阶段	两阶段	单阶段	两阶段
>1000	>600	12000~25000	20	25	12	18	15	20
600	300~600	5000~12000	25	30	15	20	18	25
<500~600	<300	<4000~5000	30	40	18	25	20	30

表 2-6 黑色冶金矿山地下开采年下降速度

矿体特征和采矿方法	阶段下降速度/$m\cdot a^{-1}$
缓倾斜、薄矿体，全面采矿法	10~15
缓倾斜、矿体厚度在 1.8~4.0m，长壁采矿法	8~12
缓倾斜、矿体中厚（4.1~10m），房柱采矿法	8~10
缓倾斜、厚矿体，有底柱或无底柱崩落法	8~10
倾斜、急倾斜厚矿体，有底柱或无底柱崩落法	15~20
极厚矿体，有底柱或无底柱崩落法	8~14
充填采矿法	10~13

三、矿山生产能力验证与校核

根据矿床开采技术可能性，采用不同的方法计算出矿山生产能力后，学生需从技术与经济两个方面对其进行验证和校核。

（一）生产能力验证

生产能力验证一般是根据设计矿山实际采用的机械水平、掘进工作条件和技术管理水平等情况，计算一个新的水平准备所需的时间。

新水平的准备时间采用下式计算：

$$T_s = \frac{Q_z \alpha E}{k(1-\beta)A_s} \tag{2-5}$$

式中 T_s——新水平的准备时间，a；

Q_z——回采阶段地质储量，t；

A_s——回采阶段年产量，t；

α——矿石回收率，%。

β——废石混入率，%；

k——超前系数，$k=1.2\sim1.5$。

E——地质影响系数，$E=0.7\sim1.0$。

当新水平的准备时间超前上一阶段的回采时间时，说明所确定的生产能力是可行与合理的，否则，说明确定的生产能力偏大。

（二）生产能力校核

一般情况下，矿山生产能力采用经济合理服务年限进行校核。所谓经济合理服务年限是指在一定的工业储量条件下，使采出单位矿石的基建摊销额和生产经营费用达到某一合理值时，所对应的矿山年生产能力的服务年限。

按经济合理服务年限校核矿山生产能力时，采用下式：

$$T = \frac{Q\alpha}{A(1-\rho)} \tag{2-6}$$

式中 A——矿山年生产能力，t/a；

T——计算矿山服务年限，a；

Q——经济可采储量，t。

校核时，采用式2-6求出设计矿山的计算服务年限 T，并与国家或行业给定的经济合理服务年限 T' 进行对比：若 T 与 T' 数值接近，说明矿山生产能力较为合理；若 T 远小于 T'，说明矿山生产能力确定的偏大；若 T 远大于 T'，说明矿山生产能力确定的偏小。

在矿山生产能力确定、验证和校核结束后，学生应对结论做出明确说明。

四、矿山生产能力确定方法与步骤

根据上述内容，矿山生产能力的确定可分为技术方法与综合经济比较法两类，两种方法的步骤有所不同。

（一）技术方法

1. 研究基础资料，掌握矿体特征

（1）研究矿体的分布状态、形态和产状、规模，不同矿体间相互的制约关系，开采工程量大小、基建周期长短等。

（2）研究矿床的勘探程度，确定地质影响系数。

（3）对于远景储量进行分析。

2. 选定有关指标

（1）确定阶段的回采方式（同时回采阶段数）。

（2）统计并计算有效矿块数。

（3）根据选定的采矿方法，选取矿房、矿柱的生产能力。

（4）选取矿块利用系数。

3. 计算生产能力

（1）阶段生产能力计算

$$A = NKq \tag{2-7}$$

式中 A——阶段生产能力，t/a；

N——各阶段的有效矿块数，个；

K——回采出矿矿块利用系数；

q——矿块生产能力（包括矿房和矿柱，需分别统计计算）。

（2）统计各阶段的生产能力。

（3）根据各阶段统计计算的阶段产量和确定的同时回采的阶段数，作出矿山生产能力发展曲线，然后按有关因素和要求验证和平衡矿山生产能力。

（二）综合经济比较法

综合经济比较法是欧美国家确定矿山企业生产能力的常用方法，主要是根据开采矿山的总体技术方案，以及对可能采用的各方案进行综合技术经济比较，评价其优劣，最终确定出矿山生产能力。其结果有时也会受到政府或企业的影响。在此对该法做一简单介绍。

矿山项目可行性研究，主要是围绕整个矿山在服务年限内获得的最大净现值、最大内部收益率和最小的返本年限进行综合技术经济评价的。一般情况下，根据各方案的储量情况和基本合理的服务年限，参考类似矿山的开采水平，先假定几个生产能力，然后进行各方案的综合投资与经营效果的比较，确定最优方案。该方案对应的生产能力即可确定为矿山的生产能力。

1. 需考虑的影响因素

采用综合经济比较法确定矿山生产能力时，要考虑以下影响因素：

（1）市场需求、矿产品价格及其未来走势；

（2）矿床勘探的可靠程度，资源储量及矿石品位的评价；

（3）矿山基建、投产和达产的时间预计；

（4）矿山的建设投资和运营成本的大小；

（5）国家宏观政策及各种税费负担；

（6）资源开发的外部条件，如交通运输、环境条件、能源供应、矿山建设用地、劳动力和技术力量来源等。

2. 确定生产能力的方法与步骤

（1）在建立矿床三维地质模型的基础上，按不同的边界品位圈定矿体，计算与边界品位对应的矿石储量和生产规模；

（2）确定矿床的基本开采方案，选定开拓方式、采矿方法和矿块生产能力，并按该方案可能采用的机械化程度选定设备，确定劳动组织，计算各种工程项目的需要量，编制设备和材料表；

（3）按照尽早在基建期采出矿石以回收建设投资的原则，编制基建进度计划，确定基建工程量、建设周期和投产时间；

（4）计算各方案的总投资和总费用；

（5）计算不同边界品位、规模、产品价格和不同资金来源，以及各方案在其矿山服务期内的投资返本率、内部收益率和净现值；

（6）进行敏感性和风险分析，研究资源量、品位、投资、生产成本和产品价格对投资返本率、内部收益率和净现值的影响；

（7）根据分析结果，确定矿山企业生产能力。

3 矿床开拓

第一节　设计任务与内容

一、设计任务

在矿山设计中，选择矿床开拓方法，是总体设计中十分重要的问题，它直接关系到矿山的布局，关系到矿山长远的技术经济效益，关系到安全生产。做好本章的设计内容十分重要。

本章设计的主要任务是：确定主要开拓巷道和辅助开拓巷道的类型、位置和数量，确定开拓系统，计算基建工程量和基建投资，并编制基建进度计划。根据矿床赋存条件、地表地形、选矿厂位置等，可以组成可能采用的各种技术上可行的开拓方案，经比较筛选各方案，最终确定最优方案作为设计方案。根据最后确定的开拓系统绘制开拓平面图及剖面图（或水平切面图），比例尺为 1∶1000 或 1∶2000。

二、设计内容

（一）毕业设计说明书

根据设计的具体内容，本章的标题为“矿床开拓”，可分为 4 部分：

其一为“地表移动带的圈定”。主要描述地表移动带的圈定过程，并在地质地形图及开拓系统图上标出。

其二为“开拓方案的选择”。主要描述所选开拓方案应满足的要求、确定开拓方案时所需考虑的因素、各种开拓方法的适用条件，并最终确定所选开拓方案。

其三为“开拓方案设计”。主要描述主要开拓巷道类型、位置的选择和辅助开拓巷道的布置。

其四为“阶段平面布置”。主要描述阶段运输巷道的布置形式。

（二）注意的问题

（1）开拓方案比选时，首先应深入细致地研究方案，参与经济比较的各方案在技术上是优越的、完整的、切实可行的。要仔细分析各方案的不同之处，详细列出需要比较的项目，反复核对，避免遗漏。

(2) 进行经济比较时，应抓住重点，比较主要项目的费用，对影响不大、差别很小的项目，可不比较。至于哪些项目是主要的，哪些是影响不大的项目，应根据具体情况而定。

(3) 正确选用各项原始计算数据，数据来源要一致。例如，采用的运输单价与所采用的运输设备相适应，采用的巷道维护费用单价应与该方案巷道的维护条件相适应等。

(4) 把基建费用和生产经营费用分别列出，把基建费用的初期投资和后期投资分别列出。

(5) 要比较各方案总费用绝对值的大小、设备占用量多少，特别是稀缺材料和大型设备需用量，还要比较各方案占用土地的多少、矿石损失多少和资源回收率的高低，以及各方案的建设期限长短。

(6) 评定各方案优劣时，要全面考虑各种因素的影响，如果各方案经济上相差不大，就要根据技术上的优越性、初期投资大小、施工的难易程度、建设期的长短、材料设备供应条件等因素，综合考虑，合理确定。

第二节 地表移动带的圈定

地下采矿形成采空区以后，由于采空区周围岩层失去平衡，引起采空区周围岩层的变形和破坏甚至大规模移动，使地表发生变形和塌陷。为使新建矿山的地面建筑物以及主要开拓巷道等主要构筑物布置在不受开采影响的安全地带，必须在设计时进行地表移动带的圈定。地表移动带的界线应标在地质地形图及开拓系统剖面图上。

圈定移动带范围的一般规定如下：

(1) 移动带应从开采矿体的最深部划起。

(2) 对未探清的矿体应根据可能延伸的部位划起。

(3) 当矿体埋藏很深且分期开采时，需分期划出移动区。

(4) 当矿体轮廓复杂时，应从矿体突出部位划起。

圈定地表移动带的方法可参阅《采矿设计手册》第 2 卷下册第 899 页。

第三节 开拓方案的选择

一、所选开拓方案应满足的要求

矿床开拓，是矿床开采的一个重要问题，它往往决定了整个矿山企业建设和生产的全貌，并与矿山总平面布置、提升运输、通风、排水等一系列问题有密切的联系。矿床开拓方案一经选定和施工之后，很难改变。为此，对选择矿床开拓方案，提出以下基本要求：

(1) 确保工作安全，创造良好的地面与地下劳动卫生条件，建立良好的提升、运输、通风、排水系统；

(2) 技术上可靠，并有足够的生产能力，以保证矿山企业均衡地生产，并须考虑矿山发展的远景（远景储量考虑在内）；

(3) 能取得良好的技术经济效果；

(4) 确保在规定时间内投产，在生产期间能及时准备出新水平；

(5) 不留或少留保安矿柱，以减少矿石损失；

(6) 与开拓方案密切关联的地面总布置，应不占或少占农田；

(7) 符合当前矿山建设的技术经济政策；

(8) 所采用的设备及材料能保证供应。

二、确定开拓方案时所需考虑的因素

(1) 地形地质条件、矿体赋存条件，如矿体的厚度、倾角、倾向、走向长度和埋藏深度等；

(2) 地质构造破坏，如断层、破碎带等；

(3) 矿石和围岩的物理力学性质，如坚固性、稳固性等；

(4) 矿区水位地质条件，如地表水（河流、湖泊等）、地下水、溶洞的分布情况；

(5) 地表地形条件，如地面运输条件、地面工业场地布置、地面岩层崩落和移动范围，外部交通条件、农田分布情况等；

(6) 气象及工程地质条件，如降雨量、洪水位、主导风向、雪崩、滑坡以及主要建筑物、构筑物下的土壤抗压强度等情况；

(7) 开采技术条件，如设计的生产能力、开采深度、设备供应情况等；

(8) 矿石工业储量、矿石工业价值、矿床勘探程度及远景储量等；

(9) 选用的采矿方法；

(10) 水、电供应条件；

(11) 原有井巷工程存在状态；

(12) 选厂和尾矿库可能建设的地点。

三、各种开拓方法的适用条件

(一) 平硐开拓法

当矿体（或其大部分）赋存在地平面以上时，广泛采用平硐开拓法，当矿床的一部分赋存在地平面以上，而另一部分赋存在地平面以下时，通常上部用平硐开拓，下部用井筒（竖井或斜井等）开拓。

当采用平硐开拓法时，有如下几种典型开拓法：

（1）垂直矿体走向下盘平硐开拓法。当矿脉和山坡的倾斜方向相反时，则由下盘掘进平硐穿过矿脉开拓矿床，该开拓方法叫做下盘平硐开拓法。

（2）垂直矿体走向上盘平硐开拓法。当矿脉和山坡的倾斜方向相同时，则由上盘掘进平硐穿过矿脉开拓矿床，该开拓方法叫做上盘平硐开拓法。

（3）沿矿体走向平硐开拓法。当矿脉侧翼沿山坡露出，平硐可沿矿脉走向掘进，成为沿脉平硐开拓法。平硐一般设在脉内；但当矿脉厚度大且矿石不够稳固时，则平硐设于下盘岩石中。

（二）斜井开拓法

矿体赋存在地面以下，矿体埋藏又不深，地表无过厚表土层的倾斜或缓倾斜矿体，可采用斜井开拓法。斜井开拓特别适用于倾角为20°~40°的层状矿床的开拓。对于急倾斜侧翼倾覆的矿床，可用侧翼斜井开拓，也有在急倾斜矿床采用伪倾斜开拓的。

斜井开拓在大型矿山适用较少，但随着带式输送机的发展，为大型或特大型矿山采用斜井开拓提供了可能。在国外，不少矿山采用带式输送机斜井开拓，并向大型化发展。带式输送机带宽达1400~2000mm，单机长度已经突破1000m，斜井斜长达2000~4000m，上坡可达18°~20°，下坡15°~16°。我国玉石洼铁矿等个别矿山采用带式输送机提升矿石。

斜井除用来提升矿石外，还可做辅助井筒，如风井、措施井、充填井和排水井等。斜井除采用带式输送机提升外，还可采用串车、箕斗提升。

《冶金矿山采矿设计规范》（GB 50830—2013）规定：斜井矿车组串车提升可用于倾角小于25°、最大不超过30°的斜井。当倾角大于30°时，应采用箕斗或台车提升。

1. 串车提升应考虑的原则

（1）上、下人员的斜井，坡度应小于30°。垂直深度超过90m，或坡度大于30°，垂直深度超过50m时，须设专用人车运送人员。

（2）串车斜井一般不宜中途变坡。

（3）为便于布置人行道和管道，一般不要采用双向甩车。特殊情况需双向甩车时。甩车道岔口应错开8m以上。

（4）斜井井筒上部和中部的各个停车场，必须设挡车器或挡车栏。

2. 斜井箕斗提升的适用条件

斜井箕斗提升主要用于大、中型矿山。斜井倾角一般为30°~40°。对斜井箕斗提升的要求为：

（1）矿石块度大，生产规模极大的矿山。为延长箕斗的使用寿命，增大箕斗提升的能力，一般设置地下破碎站。

（2）箕斗井不得兼做入风井。

（3）双箕斗斜井一般铺设双道，只有一个开采水平时，可布置单道或三根轨，并在井筒中设双道错车。

3. 斜井带式输送机提升的适用条件

斜井带式输送机提升适用于开拓倾角不同、生产规模较大的矿床。斜井长度可在300~4000m之间，输送带宽750~2000mm，年提升矿石能力为（18~1400）万吨。

带式输送机斜井坡度向上提升物料应不大于15°，向下不大于12°。

斜井带式输送机提升应考虑如下问题：

（1）设置地下破碎站。每个破碎系统的服务年限应在10年以上。

（2）井筒断面根据设备布置确定。输送机的最小宽度不应小于物料最大尺寸的2倍再加200mm。

（3）带式输送机斜井不应兼做风井。特殊情况兼做风井时，井筒中的风速不得超过4m/s，并应有可靠的降尘措施。

（4）人行道一般设在输送机提升道和检修道的中间，以利设备检修和清扫洒矿。

（三）竖井开拓法

竖井开拓适用于急倾斜和埋藏较深的水平和缓倾斜矿床。也适用于工程、水文地质条件复杂或需特殊凿井法施工的矿床。当矿体赋存在地平面以下，矿体倾角≥45°，或<15°而埋藏较深的矿体，常采用竖井开拓法。当采用一般的提升方法时，竖井的提升能力比斜井大，且易于维护，故竖井开拓是金属矿山最广泛采用的开拓方法。

按竖井与矿体的相对位置，有以下几种开拓法。

1. 下盘竖井开拓法

下盘竖井开拓法，指在矿体下盘岩石移动带以外开掘竖井，再掘阶段石门通达矿体。该开拓法在国内金属矿中使用最广。

一般情况下，广泛采用下盘竖井开拓。对于走向很长、生产规模大的矿山，为使井下运输、采掘顺序、产量分配、通风、基建速度和巷道维护条件好，只要厂址、地形和工程地质条件允许，竖井应尽量布置在井下运输功最小或近于最小部位。

下盘竖井开拓法的最大优点是井筒的保护条件好，不需要留保安矿柱。其缺点是石门的长度随开采深度的增加而加长。当矿体倾角变小时，下部石门会特别长。故下盘竖井开拓法适用于埋藏在地平面以下的急倾斜矿体，矿体倾角大于

75°时更为有利。

2. 上盘竖井开拓法

上盘竖井开拓法，指在矿体上盘岩石移动带以外开掘竖井，再掘阶段石门通达矿体。该开拓方法与下盘竖井开拓法比较，存在着严重的缺点。主要是上部阶段要掘进很长的石门，基建时间长，基建初期投资较大，只有在下列特殊条件时才考虑采用：

（1）根据地面地形条件，矿体下盘是高山，而上盘地形平坦，采用上盘竖井，井筒的长度较小。

（2）根据矿区地面地形条件及矿区内部和外部的运输联系，选矿厂和尾矿库只宜布置在矿体上盘方向，这时采用上盘竖井可使运输线路缩短，从而降低了铺设运输线路的投资及运输费用。

（3）下盘地质条件复杂，不能避开破碎带或流沙层和用水量很大的含水层。因为在该情况下掘进井筒是很困难的。

3. 侧翼竖井开拓法

侧翼竖井开拓法，其最大的特点是井筒布置在矿体侧翼。采用该开拓方法时，巷道掘进和井下运输只能是单向的，故掘进速度受到一定的限制。一般在下列条件下采用：

（1）上、下盘地形和岩层条件不利于布置井筒，矿体侧翼有合适的工业场地，选厂和尾矿库以布置在矿体侧翼为宜。这时采用侧翼竖井，可使地下和地面运输的方向一致。

（2）矿体倾角较缓，竖井布置在上盘或下盘时，石门都很长。

（3）矿体沿走向长度小，阶段巷道的掘进长度不大，运输费用也不大。

（四）斜坡道开拓法

近几十年来，斜坡道开拓法在国内外许多矿山广泛采用。斜坡道的主要用途是为无轨设备上下通行提供通道。

斜坡道开拓法主要用于开拓深度与生产规模不大的矿山。一般用于矿体距地表比较近、矿体不大、服务年限较短的矿山。对于埋藏深度很大的矿床，其浅部也可以用斜坡道开拓。待开采到深部时，再将浅部斜坡道改做辅助斜坡道，其突出优点是可以节省工程量和投资，加快矿山建设速度，同时便于无轨设备通达于各个工作面。

斜坡道的坡度选择必须十分慎重。常用斜坡道的坡度如下：

（1）运输矿石和废石的斜坡道及大型无轨矿山为9%~11%。

（2）通过大量无轨设备长距离的辅助斜坡道为9%~11%。

（3）运输材料、设备、人员的一般辅助斜坡道为9%~11%（最大20%）。

（4）阶段与分段运输水平之间的辅助斜坡道为16%~25%。

(5) 带式输送机和无轨自行设备共用的斜坡道为25%~27%。

斜坡道的类型主要有螺旋式斜坡道和折返式斜坡道。螺旋式斜坡道的几何形式一般是圆柱螺旋线或圆锥螺旋线，根据具体条件可以设计成规则螺旋线或不规则螺旋线。不规则螺旋线斜坡道的曲率半径和坡度在整个线路中是变化的。螺旋线斜坡道的坡度一般为10%~30%。折返式斜坡道由直线段和曲线段联合组成，直线段变换高程，曲线段变换方向，便于无轨设备转弯。曲线段的坡度变缓或近似水平，直线段的坡度一般不大于15%。在整个线路中，直线段长而曲线段短。

斜坡道类型的选择，与下列因素有关：

(1) 斜坡道的用途。如果主斜坡道用于运输矿岩，且运输量较大，则以折返式斜坡道为宜；辅助斜坡道可用螺旋式斜坡道。

(2) 使用年限。使用年限较长的以折返式斜坡道为宜。

(3) 开拓工程量。除斜坡道本身的工程量外，还应考虑掘进时的辅助工程量（如通风天井、钻孔等）和各分段的联络巷道工程量。

(4) 通风条件。斜坡道兼作通风用时，螺旋式斜坡道的通风阻力较大，但其线路较短。

(5) 斜坡道与分段的开口位置。螺旋式斜坡道的上、下分段开口位置应布置在同一剖面内，折返式斜坡道的开口位置可错开较远。

总之，应结合具体条件进行选择。

(五) 联合开拓法

用两种或两种以上的主要井巷开拓一个井田，称为联合开拓。联合开拓适用于下列条件：

(1) 受地形或受矿石和围岩条件限制，矿床需采用平硐与井筒或斜坡道联合开拓。

(2) 由于矿床的浅部和深部是分期勘探、分期开拓的，利用原有的井筒延深，或是不可行或是不经济，在深部不得不开凿新的井筒，因而形成两段（或两段以上）井筒接力提升。

(3) 矿床的上部和下部储量、产状和空间位置有较大变化，因而上部和下部需采用不同的井型开拓。

(4) 老矿山的改建工程，除要保留或改造原有主井外，又要增加不同井型的新的主井，但其开拓系统是统一的。

(5) 当开采深度大于一定深度时，可采用联合开拓。

四、开拓方案选择

开拓方案的选择按以下三个步骤进行。

1. 开拓方案初选

在全面了解和详细研究设计基础资料和对矿床开拓有关问题进行深入调查研究的基础上，根据国家技术经济政策和下达的设计任务书，充分考虑开拓方案选择的影响因素，提出在技术上可行、经济上不易区分的若干方案。所拟定的开拓方案应包括：开拓巷道的类型、规格、数量及位置，阶段开拓巷道及硐室的布置，通风、提升、运输及排水系统，工业场地布置，矿石、废石的地面运输，以及与选矿厂、供电、供水联系等。绘出开拓方案草图，从中初选3~5个可能列入初步比较的开拓方案。

2. 开拓方案的初步分析比较

对初选出的开拓方案，进行技术、经济、安全、建设时间等方面的初步分析比较，删去无突出优点和难以实现的开拓方案，从中选出2~3个在技术经济上难以区分的开拓方案，进行详细的技术经济比较。

3. 技术经济比较，确定最优开拓方案

对于参与技术经济比较的2~3个方案，进行详细的技术经济计算，综合分析评价，从中选出最优开拓方案。

在技术经济比较中，一般要计算和对比下列技术经济指标：

(1) 基建工程量、基建投资总额和投资回收期；
(2) 年生产经营费用、产品成本；
(3) 基本建设期限、投产和达产时间；
(4) 设备与材料（钢材、木材、水泥）用量；
(5) 采出的矿石量、矿产资源利用程度、留保安矿柱的经济损失；
(6) 占有农田和土地的面积；
(7) 安全和劳动卫生条件；
(8) 其他值得参与技术经济比较评价的项目。

通过以上技术经济比较评价，衡量矿床开采的技术经济效益，最后应估算出矿床开采的盈利指标。

在进行经济计算时，一律按国家规定的扩大概算指标进行计算。

在选用各项指标时，应注意各指标的可靠性、时间性。选用的指标应符合建设项目的技术经济条件，以及指标的可比性。

第四节 开拓方案设计

一、主要开拓巷道

1. 主要开拓巷道类型的选择

主要开拓巷道的类型，是根据矿山地形、地质条件和矿体赋存条件来选定的。

在国内金属矿山中，埋藏在地平面以上的脉状矿床或矿床上部，多采用平硐开拓。当地面为丘陵地区或地势较为平缓时，埋藏在地面以下的矿床，多采用竖井开拓。

当前国内外矿山，采用单一斜坡道作为主要开拓巷道的为数甚少，多以斜坡道作为辅助开拓巷道，配合其他主要开拓巷道进行开拓。

2. 选择主要开拓巷道位置应考虑的因素

当主要开拓巷道类型确定后，就要确定它的具体位置。

主要开拓巷道是矿井生产的咽喉，是联系井下与地面运输的枢纽，是通风、排水、压气及其动力设施由地面导入地下的通路。井口附近也是其他各种生产和辅助设施的布置场地，因此，主要开拓巷道位置的选择是否合理，对矿山生产有着深远的影响。此外，主要开拓巷道位置直接影响着基建工程量和施工条件，从而影响基建投资和基建时间。

选择主要开拓巷道位置的基本准则是：基建与生产费用最小，尽可能不留保安矿柱，有方便和足够的工业场地，掘进条件良好等。

具体选择时应考虑以下因素：

（1）矿区地形、地质构造和矿体埋藏条件。

（2）矿井生产能力及井巷服务年限。

（3）矿床的勘探程度、储量及远景。

（4）矿山工程地质与水文地质条件。井巷位置应避免开凿在含水层、受断层破坏和不稳固的岩层中，尤其应避开岩溶发育的岩层和流沙层。井筒一般均应打检查钻孔，查明地质情况。选用平硐时，应制作好平硐所通过地段的地形地质纵剖面图，查明地质和构造情况，以便更好地确定平硐的位置、方向和支护形式。

（5）井巷位置应考虑地表和地下运输联系方便，应使运输功最小，开拓工程量最小。如果选厂和冶炼厂位于矿区内，选择井筒位置时，应选取最短及最方便的路线向选厂或冶炼厂运输矿石。

（6）应保证井巷出口位置及有关构筑物不受山坡滚石、山崩和雪崩等危害。

（7）井巷出口的标高应在历年最高洪水位 3m 以上，以免被洪水淹没。同时也应根据运输功的要求，稍高于选厂贮矿仓卸矿口的地面水平，以保证重车下坡运行。

（8）井筒（或平硐）位置应避免压矿，尽量位于岩层移动带以外，距地面移动界线的最小距离应大于 20m，否则应留保安矿柱。

（9）井巷出口位置应有足够的工业场地，以便布置各种建筑物、构筑物、调车场、堆放场地和废石场等。同时应尽可能不占农田（特别是高产农田）或少占农田。

(10) 改建或扩建矿山应考虑对原有井巷和有关建筑物、构筑物的充分利用。

3. 主要开拓巷道沿矿体走向位置的选择

主要开拓巷道位置的选择，包括沿矿体走向位置的选择和垂直矿体走向位置的选择。

沿矿体走向位置的选择，在地形条件允许的情况下，主要从地下运输费用来考虑，而地下运输费用的大小决定于运输功的大小。运输功是矿石重量（t）与运输距离（km）的乘积，用吨公里表示。如果1吨公里的费用为常数，则最有利的井筒位置，其运输费用应最小或运输功最小。

在选择井筒沿走向位置时，不应只考虑地下运输功，而应结合地面运输方向来同时考虑。例如，当选厂在矿体一翼时，从地下及地表总的运输费用来看，井筒设在靠选厂的矿体一侧，可能使总的运输费用小。总之，应按地面运输费用与地下运输费用总和为最小的原则来确定井筒的最优位置。

4. 主要开拓巷道垂直矿体走向位置的选择

在垂直矿体走向方向上，井筒应布置在地表移动界线以外20m以远的地方，以保证井筒不受破坏。若井筒布置在移动界线以内时，必须留保安矿柱。

二、辅助开拓巷道

1. 副井和通风井位置的选定

进行矿床开拓设计时，除确定主要开拓巷道的位置外，还需要确定其他辅助开拓巷道的位置。这些辅助开拓巷道，按其用途不同，有副井、通风井、溜矿井、充填井等。

当主井为箕斗井时，因箕斗在井口卸矿产生粉尘，故不能作入风井。此时应另设一个提升副井，用来上下人员、设备、材料，并提升废石及兼作入风井，再另掘专为排风的通风井，它与提升副井构成一个完整的通风系统。

当主井为罐笼井时，可兼作入风井，同时另布置一个专为排风的通风井，它与罐笼井也可构成一个完整的通风系统。

(1) 副井位置的选定

在确定开拓方案时，主井、副井等的位置时统一考虑研究决定的。如地表地形条件和运输条件允许，副井应尽可能和主井靠近布置，但两井筒间距应不小于30m。该布置叫集中布置。如地表地形条件和运输条件不允许副井和主井集中布置，两井筒相距较远，该布置叫分散布置。

副井位置的确定原则与主井相同，但副井与选厂关系不大，当地表地形不允许时，副井可远离选厂。

(2) 风井的布置方式

按入风井和排风井的位置关系，风井有以下几种布置方式：

1) 中央并列式。入风井和排风井均布置在矿体中央（主井为箕斗井时，主井为排风井；主井为罐笼井兼提矿石和运送人员时，则主井为入风井）。两井相距不小于30m，如井上建筑物采用防火材料，也不得小于20m。该布置方式称为中央并列式。

2) 中央对角式。按提升盛器类型不同，又可分为下列两种情况：

主井为罐笼井时，主井布置在矿体中央，可兼作入风井，而在矿体两翼各布置一条排风井。排风井可布置在两翼的下盘，也可布置在两翼的侧端。排风井可掘竖井，也可掘斜井，依地形地质条件及矿体赋存条件而定。这种布置方式，入风井（主井）布置在矿体中央，排风井布置在两翼对角，形成中央对角式。

主井为箕斗井时，箕斗井不能作入风井，故主井布置在矿体中央，应在主井附近另布置一条罐笼井，作为提升副井兼入风井，并在矿体两翼布置排风井，形成中央对角式。

3) 侧翼对角式。入风井（罐笼井）布置在矿体的一翼，排风井布置在矿体的另一翼，形成侧翼对角式。

在金属矿中，大型矿山可采用中央对角式布置。即在矿体中央布置主井和副井，此时副井兼作入风井，另在矿体两翼各布置一条排风井，以形成对角式通风系统。

2. 其他辅助开拓巷道的位置

辅助开拓巷道除副井和风井外，还有溜矿井、充填井等。

(1) 溜井

地下金属矿山开采中，普遍采用溜井放矿。在选择溜井位置时，应注意以下基本原则：

1) 根据矿体赋存条件使上下阶段运输距离最短，开拓工程量最小，施工方便，安全可靠，避免矿石反向运输；

2) 溜井应布置在岩层坚硬稳固、整体性好、岩层节理不发育的地带，尽量避开断层、破碎带、流沙层、岩溶及涌水较大和构造发育的地带；

3) 溜井一般布置在矿体下盘围岩中，有时可利用矿块端部天井放矿；

4) 溜井装卸口位置，应尽量避免放在主要运输巷道内，以减少运输干扰和矿尘对空气的污染。

为保证矿山正常生产，大、中型矿山或当溜井穿过的岩层不好或溜井容易发生堵塞时，应考虑备用溜井，一般备用数为1~2个。

溜井的形式，主要有垂直式溜井、倾斜式溜井、分段直溜井和阶梯式溜井。

(2) 充填井

充填井的位置，应符合下列条件：

1）布置在矿体的中央位置，若矿体分布范围大或有几个矿体，则按区或按矿体布置几个充填井，使充填料的运输功最小；

2）由采石场（或尾矿库）至充填井再达所辖充填采空区或采场，构成顺向运输，尽量减小充填料的运输功；

3）地面地形条件应对运送充填料有利；

4）直接借重力溜放的废石或借水力运送砂石、尾砂的充填钻孔，要求其所通过的岩层坚硬、稳固、无裂隙，工程地质条件良好；

5）地下各阶段间转运充填料的充填井，可利用岩层整体性好、耐磨性强的探矿天井；

6）各采空区或采场的充填井，一般靠近其中央位置。

第五节 阶段平面布置

一、阶段平面设计的内容

(1) 阶段平面设计是指地下开拓阶段的总体平面布置图。阶段平面设计要求的主要内容包括：

1）在阶段地质平面图的基础上，若干井巷工程的布置，包括阶段运输巷道、采准巷道、通风巷道、矿石溜井、废石溜井、井底车场以及有关采矿生产的各种硐室工程等；

2）对阶段平面内主要井巷工程控制点进行坐标计算。

(2) 毕业设计要求在阶段平面图上布置的井巷工程内容如下：

1）在阶段平面图上绘出：阶段矿体平面图、勘探线、坐标网、标出坐标数字，指北方向标志、比例尺；

2）沿脉及穿脉运输巷道（不包括探矿巷道）；

3）标出各矿块的出矿点位置及矿块编号；

4）若干个矿块共用的设备井、天井等标在图上；

5）主井、副井、通风井、主溜井位置；

6）井底车场、水仓、水泵房、变电所；

7）井下主炸药库及炸药库专用回风井巷；

8）必要的会让站、调车线；

9）通风巷道、疏干巷道、部分采准巷道（如用无轨出矿的平底式底部结构采矿方法时，其采准巷道应绘在平面图中）；

10）主要运输线路工程（轨道线路、道岔布置）及工程量表。

二、阶段运输巷道布置形式的选择

阶段运输巷道布置形式主要有：单一沿脉巷道布置、下盘双巷加联络道（即下盘环形式或折返式）布置、脉外平巷加穿脉布置、上下盘沿脉巷道加穿脉布置（即环形运输布置）和平底装车布置等。

1. 阶段运输巷道布置的影响因素和基本要求

（1）必须满足阶段运输能力的要求。阶段运输巷道的布置，首先要满足阶段生产能力的要求，亦即应保证能将矿石运至井底车场。其次，阶段运输能力应留有一定的余地，以满足生产发展的需要。

一般阶段生产能力大时，多采用环形布置；阶段生产能力小时，可采用单一沿脉巷道布置。

（2）矿体厚度和矿石、围岩的稳固性。矿体厚度小于4~5m时，采用一条沿脉巷道。厚度在15~30m时，多采用一条（或两条）下盘沿脉巷道加穿脉巷道，或两条下盘沿脉加联络巷道。极厚矿体多采用环形运输。

阶段运输巷道应布置在稳固的围岩中，以利于巷道维护、矿柱回采和掘进比较平直的巷道。

（3）应贯彻探采结合的原则。阶段运输巷道的布置，要既能满足探矿的要求，又能为今后采矿、运输所利用。

（4）必须考虑所采用的采矿方法（包括矿柱回采方法）。例如，崩落法一般需布置脉外巷道，并且要布置在下阶段的移动界线以外，以保证下阶段开采时作回风巷道。有些采矿方法不一定要布置脉外巷道。此外，矿块沿水平走向或垂直走向布置以及底部结构形式等，决定矿块装矿点的位置、数目及装矿方式。

（5）符合通风要求。阶段巷道的布置应有明确的进风和回风线路，尽量减少转弯，避免巷道断面突然扩大或缩小，以减少通风阻力，并要在一定时间内保留阶段回风巷道。

（6）系统简单，工程量小，开拓时间短；尽量使巷道平直，布置紧凑，一巷多用。

（7）其他技术要求。如果涌水量大，且矿石中含泥较多，则放矿溜井装矿口应尽量布置在穿脉内，以避免主要运输巷道被泥浆污染。

2. 阶段运输巷道的布置形式

（1）单一沿脉巷道布置

该布置形式简单，工程量小，通过能力低。适用于薄及极薄矿脉、产量小的条件（一般适用于中、小型矿山，年产量为$(20\sim60)\times10^4$t的矿山）。

该布置方式可分为脉内布置和脉外布置，如果矿石稳固性差、品位高、围岩稳固时，采用脉外布置有利于巷道维护，并能减少矿柱的损失。

对于极薄矿脉，应使矿脉位于巷道断面中央，以利于掘进适应矿脉的变化。如果矿脉形态稳固，则将巷道布置在围岩稳固的一侧。

(2) 下盘双巷加联络道（即下盘环形式或折返式）布置

沿走向下盘布置两条平巷，一条为装车巷道，一条为行车巷道。其优点是行车巷道平直有利于行车，装车巷道掘在矿体中或矿体下盘围岩中，巷道方向随矿体走向而变化，利于装车和探矿。装车线和行车线分别布置在两条巷道中，安全、方便；巷道断面小，有利于维护。其缺点是掘进量大。该布置多用于中厚和厚矿体中。

(3) 脉外平巷加穿脉布置

适用于厚及中厚矿体，该形式简单、灵活，适应性强，通过能力较强，其阶段生产能力可达 $(60\sim150)\times10^4$t/a。

(4) 上下盘沿脉巷道加穿脉布置（即环形运输布置）

环形布置形式系统较复杂，工程量大，通过能力高，可达 $150\sim300\times10^4$t/a。适用于厚及极厚、产量大的阶段，也可用于几组互相平行的矿体中。当开采规模很大时，也可采用双线环形布置。

(5) 平底装车布置

该布置方式是由于采用平底装车结构和无轨装运设备的出现而发展起来的，有沿脉与穿脉布置装矿巷道两种形式，采场一般用平底结构。矿石装运一般有两种方式：一是由装岩机将矿石装入运输巷道的矿车中，再由电机车拉走；二是由铲运机在装运巷道中铲装矿石，运至附近的溜井卸载。

三、阶段平面设计中的有关规定及计算

(1) 阶段运输巷道的布置与矿体赋存条件、采矿方法、采场布置、采准方法密切相关，应配合好。所选择的井巷布置形式，必须与矿山生产能力相适应，应当保证生产安全，使巷道工程量小，维护费用低。

(2) 阶段运输平巷一般情况下均应布置在下阶段开采后的岩石移动界线之外的安全位置上，特别是开采深度较大时，更应保证（无论是采用崩落法还是空场法）。

(3) 从每一阶段到上一个阶段，至少应有两个以上的安全出口，其安全出口的位置必须标注在阶段平面图中。

(4) 布置阶段运输巷道时应考虑矿井通风系统的要求，并需创造良好的通风条件，如下盘运输巷道要兼作下一阶段的回风巷道时，则巷道的位置应根据下阶段矿体开采后下盘岩石移动角的大小决定。

(5) 采用穿脉装车时，靠近阶段运输平巷最近的一个采场溜矿井距离阶段

运输平巷应大于一列车的长度。

（6）运输巷道的转弯半径应大于通行设备轴距的7~10倍，运输大巷中通常多按大于轴距10倍计算。机车和矿车哪个轴距大，便依哪个计算，根据计算出的半径，再加大一定值。一般若是10吨或14吨机车运输，最小转弯半径需取10~12m。坑内矿山常用的曲线半径为8~10m或15~20m。

（7）一般情况下，当阶段运输线路上有4~5台电机车同时运行时，应考虑铺双轨。若采用单轨线路，当运输线路长度大于500m时，应设置会让站。当采用环形线路布置时，一般采用单轨线路，只有当产量很大时（产量在（800~1000）$\times 10^4$t/a）可采用双轨环形布置。电机车顶空车运行距离一般不大于150~200m，若大于200m时，应设调车线。

（8）穿脉巷道的间距既要考虑矿块的划分，又要考虑探矿要求，达到探采结合，故穿脉巷道尽可能布置在勘探线上。

（9）井下炸药库的布置

1）井下炸药库布置在哪个阶段，须在设计说明书中进行论述。但无论布置在何处，毕业设计时，均要求在设计的阶段平面图中必须布置有主炸药库。

2）炸药库距井筒、井底车场及其他硐室、主要风门的距离不小于100m，距离经常行人的巷道不小于25m，距地表不小于30m。

3）炸药库的最大容量以不超过三昼夜的炸药消耗量及10昼夜所需的爆破材料消耗量计算。

4）井下炸药库必须设有独立的回风巷道（井），并在图中表示出来（安全规程要求）。炸药库位置应距用药地点近一些，以距回风井一侧近一些为宜。

（10）井下水泵房及水仓的布置

1）应按矿床开拓设计总体布局，确定出矿井排水系统，选择好水泵房及水仓的位置。在设计说明书中应说明排水站的具体位置、排水段数等。根据毕业设计要求，在阶段平面图中，要绘制出水泵房及水仓。

2）水泵房的规格应根据矿井涌水量的大小来确定。

3）水泵房的出口不得少于2个，其中一个通往井底车场，另一个用斜巷与井筒连通。

4）水仓应由两个独立的巷道系统组成。按安全规程要求，一般矿井主要水仓总容积应能容纳6~8h的正常涌水量，涌水量大的矿山，每一条水仓应能容纳2~4小时的正常用水量。

5）水仓的高度一般不小于2m，容量大的水仓，应适当加大断面，以便缩小水仓的长度。确定水仓断面尺寸时，应考虑掘进水仓时选用的出渣设备。

6）两条水仓平常布置时，其间距一般为10~20m。

7）水泵房和水仓位置的选择。一般情况下，应随副井位置而定，但在特殊情况下，也可布置在主井附近，但必须选择好水仓的入水口位置，防止水流入井筒中。应同时考虑流水方向与巷道坡度关系。

(11) 井下变电硐室

井下变电硐室长度超过6m时，应在两端各设一个安全出口。变电硐室一般布置在水泵房的附近。

(12) 道岔型号选择及线路连接计算

道岔型号参阅《采矿设计手册》第四卷第54~55页表1-1-40。

井下矿山常用的道岔为$\frac{1}{3}$、$\frac{1}{4}$、$\frac{1}{5}$。辙岔号码$M=\frac{1}{4}$时，辙岔中心角为14°15′00″；$M=\frac{1}{3}$时，辙岔中心角为18°55′30″；$M=\frac{1}{5}$时，辙岔中心角为11°25′15″。

道岔标号表示的内容，例如924—$\frac{1}{4}$—12（右）型道岔中：924中的9指轨距900mm，轨型为24；$\frac{1}{4}$为辙岔号码；12为道岔转辙曲线半径。

线路连接计算参阅《采矿设计手册》第四卷第50~52页及第二卷下册第1010~1012页有关内容。

4 井底车场

第一节 设计任务与内容

一、设计任务

井底车场是在井筒与石门连接处所开凿的巷道与硐室的总称，它联系着井筒提升和井下运输两个生产环节，是转送人员、矿岩、设备、材料的场所，也是井下排水和动力供应的转换中心。根据矿井开拓方法的不同，分为竖井井底车场和斜井井底车场。根据矿车运行的方式不同，分为环形式车场和折返式车场。环形式又分为立式、卧式和斜式，而折返式又分为梭式和尽头式。井底车场内设置各种硐室，以供提升、运输、排水和供电之需，是矿井运输和提升的联系枢纽，其能否正常工作直接影响到矿井的生产和安全。井底车场的设计是矿井开拓的一项重要的设计内容。

学生除完成毕业设计说明书的相关内容编制外，还应完成井底车场布置图的绘制。

二、设计内容

（一）毕业设计说明书

根据设计的具体内容，本章内容为毕业设计说明书“矿床开拓”中的第三节，标题为“井底车场布置”，可分为4部分：

其一为“井底车场设计的原则与依据”。主要针对所设计矿山的井底车场设计进行描述。

其二为“井底车场设计”。学生需选择合适的井底车场形式，计算主、副井的空、重车线和调车线（回车线）的长度，以及双轨巷、单轨巷的断面尺寸，进行平面与坡度的闭合计算，并根据计算结果和井底车场各硐室的相关计算结果绘制所设计的井底车场平面图。

其三为“井底车场调车方式”。主要描述车场内电机车的调度与空、重车的调车方式，编制电机车的调度图表。

其四为“计算井底车场的通过能力”。

（二）井底车场布置图

井底车场布置图用 Auto CAD 绘制，绘图比例为 1∶1000。图中须标明井底车场平面上各硐室、空车场、重车场、调车车场和卸载站等工程名称。

（三）注意的问题

（1）水仓、配水巷、管子道等工程在图中以虚线绘制。

（2）井底车场图绘制时必须与阶段平面图相结合，图中的各种井筒除标明名称外，还需标明其三维坐标。

（3）学生需提交矿井最底部阶段的阶段平面图（包括较为详细的井底车场平面布置），最终图名为“××矿厂××阶段平面布置图”。

第二节　井底车场设计的依据与要求

一、设计依据

井底车场设计的依据主要包含以下 8 个方面：

（1）矿井设计生产能力及工作制度。包括：矿井的年产量、日产量，矿山年工作日数、日工作班数、生产班数、班生产小时数等。

（2）矿井开拓方式。包括：井筒的位置、形式及相互关系，大巷、主石门与井筒的关系，车场附近大巷方位角，矿井的阶段数及阶段高程，同时生产的阶段数及产量分布情况等。

（3）井筒及数目。包括：井筒的用途及平、断面布置（斜井的倾角及铺轨的轨型），提升容器的类型、特性、规格及有关尺寸，主提升的装载方式，斜井每次提升的矿车数。

（4）矿井主要运输巷道运输方式。包括：运输方式及其设备（电机车、矿车、带式输送机…）规格特征，通过设备的最大外缘尺寸，矿车运输时列车的组成与矿车的连接方式，废石运出量及处理方式，材料数量，副产矿石的提升运输方式，是否采用溜井运输方式，井下人员的运送方式等。

（5）矿井通风方式。包括：井筒进（出）风量，各阶段的配风情况，井底车场各巷道通过的风量。

（6）矿井地面及井下生产系统的布置方式。包括：罐笼井筒与井底车场连接处的距离、线路的平面布置及坡度，卸载站的能力、矿仓容量，卸载站至井筒装载设备的距离，井筒卸载设备与地面生产系统的关系等。

（7）各种硐室的有关资料。

（8）井底车场所处位置的地质条件、水文地质条件及矿井涌水情况。包括：围岩性质、围岩的分层厚度及其倾角，有无泥化膨胀现象，坚固性、整体稳定性，以及邻近类似矿井井底车场巷道的支护情况，水文地质情况（如岩层含水性、透水性和渗透性），矿井正常涌水量（涌水、充填水、灌浆水等）、矿井最大涌水量等。

二、设计要求

（1）井底车场设计时，应考虑增产的可能性，留有富裕的通过能力，应大于矿井或阶段设计生产能力的30%。

（2）井底车场设计时应考虑主、副井之间在施工时便于贯通。

（3）开拓方案设计时，应考虑井底车场的合理形式，要注意井筒之间的合理布置，避免井筒间距过小而使井筒和巷道难于维护，地面提升机房布置困难。

（4）提高井底车场的机械化水平，简化调车作业，提高井底车场通过能力。

（5）设计时需考虑车场线路纵断面闭合，以免施工图设计时坡度补偿困难。

（6）确定井筒位置和水平标高时，要注意井底车场巷道和硐室所处的围岩情况及岩层的含水情况，尽量选择在稳定坚硬的岩层中，避开破碎带或强含水层。

（7）大型矿井在确定井底车场形式时，应尽量减少交岔点数量和减小跨度。

（8）井底车场线路布置应结构简单，运行及操作系统安全可靠，管理使用方便，并注意节省工程量，便于施工和维护。

第三节　井底车场的类型与选择

一、井底车场的基本类型

（一）竖井井底车场的基本类型

竖井井底车场的基本类型见表4-1。

表4-1　竖井井底车场的基本类型

类型		图　示	结构特点	优　缺　点	适用条件
环形式	立式	1—主井；2—副井	存车线和回车线与主要运输大巷垂直；主、副井距主要运输大巷较远，有足够的长度布置存车线	空、重车线基本位于直线上；有专用的回车线；调车作业方便；可两翼进车；弯道顶车；工程量大	900~1500kt/a的矿井；左侧刀型车场适用于600kt/a的矿井，增加回车线能力可提高到900~1500kt/a
	斜式	1—主井；2—副井	存车线与主要运输大巷斜交；主要运输大巷可局部作回车线	可两翼进车；工程量小；存车线有效长度调整方便；弯道顶车；一翼调车方便，另一翼在大巷调车	适用于600~900kt/a的矿井；地面出车方向受限制

续表 4-1

类型		图示	结构特点	优缺点	适用条件
环形式	卧式	1—主井；2—副井	存车线与主要运输大巷平行；主、副井距主要运输大巷较近	空、重车线位于直线上；工程量小；调车方便；可两翼进车；弯道顶车；巷道内坡度较大	适用于 600 ~ 900kt/a 的矿井
折返式	梭式	1—主井；2—副井	利用主要运输大巷作主井空、重车线、调车线和回车线	工程量小，交岔点少、弯道少；可两翼进车	利用大型底卸式矿车可用于大型矿井
	尽头式	1—主井；2—副井	利用石门作主井空、重车线	工程量小；调车方便	利用大型底卸式矿车可用于大型矿井

表 4-1 内所列井底车场形式为常见的基本型。在设计中，由于各种条件的影响，还可采用混合式车场，如主井折返式、副井环形式的井底车场，如图 4-1 所示。

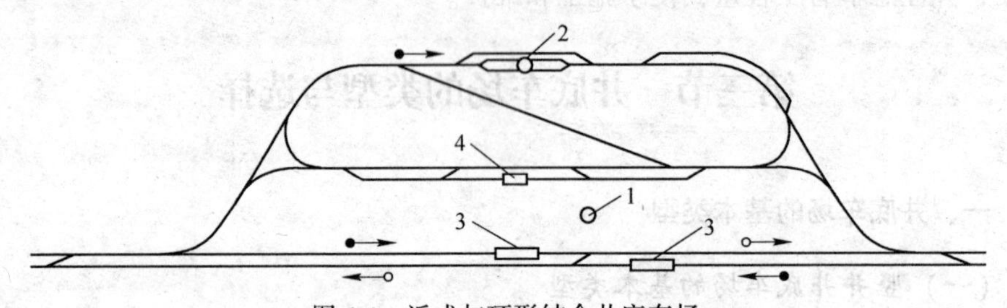

图 4-1 返式与环形结合井底车场

1—主井；2—副井；3—卸载站；4—固定式矿车卸载站

(二) 斜井井底车场的基本类型

斜井井底车场的基本类型见表 4-2，金属矿山一般采用折返式车场。

表 4-2 斜井井底车场的基本类型

类型		图示	结构特点	优缺点	适用条件
环形式	卧式	1—主井；2—副井	存车线和回车线与主要运输大巷平行；主、副井距主要运输大巷较近	空、重车线位于直线上；工程量小；调车作业方便；有专用的回车线；可两翼进车；弯道顶车	适用于单一阶段的箕斗斜井或胶带运输机斜井

续表 4-2

类型		图 示	结构特点	优 缺 点	适用条件
环形式	立式	1—主井；2—副井	存车线与主要运输大巷垂直；主、副井距主要运输大巷较远，有足够的长度布置存车线	空、重车线基本位于直线上；有专用的回车线；调车作业方便；可两翼进车；弯道顶车；工程量大	适用于单一阶段的箕斗斜井或胶带运输机斜井
折返式	折返式	1—主井；2—副井	主井空、重车线设于平行于大巷的上盘巷道内	可两翼进车；一翼在调车线上调车；弯道多	适用于单一阶段的箕斗斜井
	甩车场	1—主井；2—副井	主井空、重车线设于大巷内	工程量小；可两翼进车；调车作业均在直线上进行	适用于多水平的箕斗斜井或胶带运输机斜井
	尽头式	1—主井；2—副井	主井空、重车线设于井筒的一侧	可两翼进车；调车在调车线上进行	适用于多阶段的串车提升

二、井底车场形式的选择

影响井底车场选择的主要因素有矿井生产能力、开拓方式和阶段的运输方式。井底车场选型时，应遵循以下原则：

（1）保证矿井的生产能力并为将来矿井增产留有足够的余地。

（2）调车简单，管理方便，弯道及交岔点少。

（3）符合国家现行安全规程与设计规范的要求。

（4）井巷工程量小、投资少，便于维护，生产运营成本低。

（5）施工简便，各井筒间、井底车场巷道与主要巷道间能迅速贯通，工程建设时间短。

（6）以能否有效布置存车线和调车线为原则，当主要运输大巷或石门距井筒较远时，可选择立式井底车场；否则，可选择卧式或斜式井底车场。

（7）根据卸载方式的不同，合理选择井底车场布置形式。如当采用底卸式矿车运输时，其卸载站可布置为折返式或环形式，但其装载站的线路布置方式必须与其对应，即卸载站为折返式时，采区装载站也须为折返式；卸载站为环形式时，采区装载站也须为环形式。

(8) 矿车提升斜井的井底车场，井筒不延深时，一般采用平车场；井筒延深时，一般采用甩车场，也可采用提前施工吊桥硐室的方式选择平车场。

(9) 主、副井均为罐笼提升时，多采用环形车场；混合井提升的井底车场，可采用环形车场；金属矿山斜井提升时，箕斗或胶带提升多采用环形式车场；而串车提升多采用折返式车场。

(10) 当主井采用箕斗提升、侧卸式矿车、底卸式矿车双机牵引运输矿石时，常采用折返式车场，特殊情况下也可采用环形式车场；当用固定式矿车运输并利用电机车调头来推、顶矿车组卸载时，可采用尽头式车场；副井采用罐笼提升，如能满足提升量要求时，可采用尽头式车场。

第四节 井底车场设计

一、井底车场平面布置

(一) 井底车场线路布置

1. 线路布置的要求

井底车场线路布置应满足以下要求：

(1) 井底车场的线路工程量最小。井底车场的线路主要由主井空、重车线，副井的进、出车线和回车线组成。由于井底车场的通过能力大小和运输物料种类的不同，各线路的数量与长度也不同。

(2) 须充分考虑井底车场各硐室布置的合理性。

(3) 须充分考虑线路的合理性。机械推车要布置在直线巷道上，尽量避免在曲线巷道顶车；采用有装、卸载方向要求的矿车（如底卸式、侧卸式矿车）运输时，要注意其装、卸载方向一致，能够使列车实现调头。

(4) 线路布置要有利于运输和通风。尽量减小道岔和交岔点；线路上尽量不设风门，尤其是在竖井车场的副井线上禁止设立风门。

2. 存车线长度的确定

(1) 阶段运输巷道采用电机车运输时

1) 主井空、重车线长度应能各容纳 1.5~2.0 列车。

2) 副井进、出车线的长度应能各容纳 1.0~1.5 列车（中小型矿井为 0.5~1.0），副井出车侧的材料线长度应满足 10 个以上（中小型矿井为 5~10 个）材料车存储。

3) 主、副井均为罐笼井或串车提升时，每个井的空车线长度应能各容纳 1.0~1.5 列车，而重车线长度应能各容纳 1.5~2.0 列车。

(2) 阶段运输巷道不采用电机车运输时，主、副井空、重车线应根据提升和运输设备能力确定。

3. 存车线长度的计算

（1）主、副井空重车线

$$L = mnl_1 + Nl_2 + l_3 \tag{4-1}$$

式中　L——主、副井空、重车线有效长度，m；

m——列车数目，列；

n——每列车的矿车数，按列车组成计算确定，其一般值见表 4-3，辆；

l_1——每辆矿车的最大外形长度，m；

N——机车数，台；

l_2——每台机车的最大外形长度，m；

l_3——列车制动距离，一般取 5～8m。

当采用电机车顶推底卸式矿车组成的列车组卸载时，机车不过卸载站，列车滑行进入空车线。空车的制动距离应通过计算确定（一般约 30～40m），并增加 10 ～ 15m 的安全距离。

表 4-3　每列车的矿车数

电机车粘重		固定式矿车/辆			底卸矿车/辆	
		1. 0t	1. 5t	3. 0t	3. 0t	5. 0t
单轨	7 t 架线式	30～35	14～16			
	10t 架线式		17～19	15～17	12～15	
	14t 架线式		29～34	26～30		
双轨	10 t 架线式				20～30	20～22

（2）材料车线有效长度

$$L = n_c l_c \tag{4-2}$$

式中　L——材料车线有效长度，m；

n_c——材料车数，辆；

l_c——每辆材料车的最大外形长度，m。

计算后的存车线有效长度取整数，井底车场各种车线的起点和终点如图 4-2 所示。

4. 轨道及道岔确定

（1）钢轨选择。矿山井下运输一般根据电机车轴重选择钢轨型号，计算公式见式 4-3。

$$q = 5 + aP \tag{4-3}$$

式中　q——钢轨单重（钢轨型号），kg/m；

P——机车轴重，t；

a——系数，井下取 a = 2. 5。

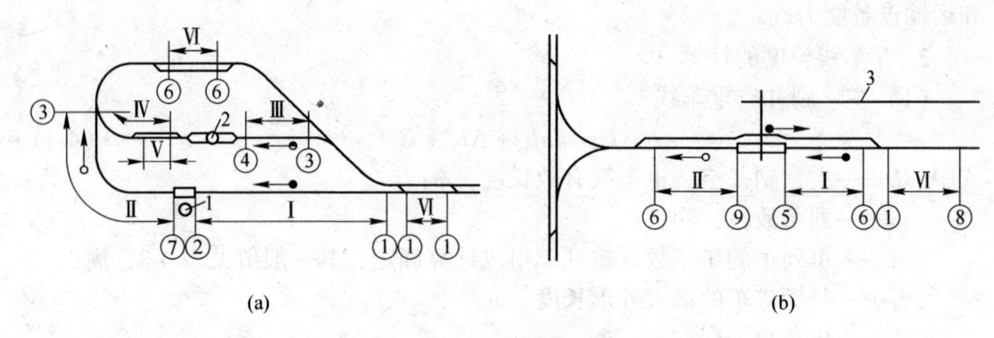

图 4-2 井底车场各车线的起点和终点

（a）立井井底车场；（b）斜井井底车场

1—主井（箕斗井）；2—副井（罐笼井）；3—胶带运输机主斜井；

Ⅰ—主井重车线；Ⅱ—主井空车线；Ⅲ—副井进车线；Ⅳ—副井出车线；Ⅴ—副井材料车线；

Ⅵ—调车线；①—基本轨起点；②—卸矿站进车侧；③—道岔警冲标；④—复式阻车器轮档；

⑤—卸载站进车侧；⑥—变正常轨心距起点；⑦—卸矿站出车侧；

⑧—车线末端；⑨—卸载站出车侧

（2）道岔。道岔是根据机车和车辆的类型、轨距、轨型、运行速度、行车密度、运行方向及调车方式、曲线半径等的要求进行选择的。

井底车场设计中，通常选用 4 号和 5 号道岔；机车运行频繁时，选用 5 号道岔。道岔的轨型选择应与线路轨型保持一致。

5. 曲线巷道参数确定

井底车场中曲线巷道较多，曲线巷道的设计可参照如下方法进行设计。

（1）曲线轨道半径

井下电机车运输时，曲线轨道的转弯半径不得小于电机车与矿车的最小转弯半径 R_{min}。R_{min} 大小取决于电机车与矿车的轴距 S_B 和运行速度 v。

表 4-4 列出了井下固定式及底卸式矿车电机车运输常用曲线轨道的转弯半径。双轨曲线巷道的转弯半径可参照表 4-4，并使内侧轨道的半径大于或等于 R_{min}。

表 4-4 曲线巷道常用半径参考值

<table>
<tr><td>曲线轨道半径允许最小值 R_{min} 的计算公式</td><td colspan="6">$R_{min} = CS_B$
式中 C——系数，按行车速度取值，$v<1.5$m/s，取 $C=7\sim10$，1.5m/s$<v<$3.5m/s，取 $C=10\sim12$，$v\geqslant3.5$m/s，取 $C\geqslant15$；
S_B——车辆的轴距，m</td></tr>
<tr><td rowspan="2">使用地点</td><td colspan="2">运输设备</td><td rowspan="2">轨距 /mm</td><td colspan="3">曲线半径/m</td></tr>
<tr><td>牵引设备</td><td>矿车类型</td><td>一般</td><td>最小</td><td>建议</td></tr>
<tr><td>运输不频繁地点</td><td>非动力牵引</td><td>1(1.5)t 固定式</td><td>600（900）</td><td>6（9）~15</td><td>6（9）</td><td>9</td></tr>
</table>

续表 4-4

使用地点	运输设备		轨距/mm	曲线半径/m		
	牵引设备	矿车类型		一般	最小	建议
井底车场及运输巷道	7吨及7吨以下电机车	1(1.5)t 固定式	600(900)	12（15）～15（20）	12(15)	12（15）
	10吨架线式电机车	1(1.5)t 固定式	600（900）	15～20（25）	12(15)	15（20）
		3t 底卸式	600	25～30	20	25
		5t 底卸式	900	30～40	20	35
	14吨架线式电机车	5t 底卸式	900	30～40	25	40
	20吨架线式电机车	5t 底卸式	900	40～50	40	45

（2）曲线巷道加宽值

车辆沿曲线轨道运行时，为保持车辆外缘和巷道墙之间的安全间隙，需加宽巷道。

1）曲线巷道内、外侧及双轨中线距的加宽

如图 4-3 所示，曲线巷道外侧加宽值 Δ_1、内侧加宽值 Δ_2及双轨中线距加宽值 Δ_S的计算可按表 4-5 中所给出的公式。双轨曲线巷道两轨道中线距加宽时，一般多采用移动外侧线路的方式。

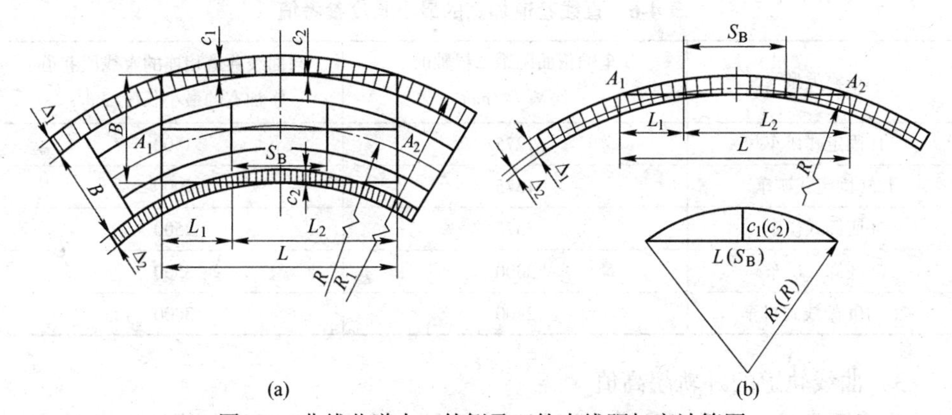

图 4-3　曲线巷道内、外侧及双轨中线距加宽计算图

（a）车体在曲线段的外伸 Δ_1与内移 Δ_2；（b）Δ_1、Δ_2和 Δ_S计算图

表 4-5 曲线巷道内、外侧及双轨中线距加宽计算公式

名 称	计 算 公 式	符 号 注 释
曲线巷道外侧加宽值 Δ_1	当 $K_p > L_2$ 时, $\Delta_1 = \frac{L^2 - S_B^2}{8R}$; 当 $L_2 > K_p > L_1$ 时, $\Delta_1 = \frac{(L^2 - S_B^2)K_p}{8RL_2}$; 当 $K_p < L_1$ 时, $\Delta_1 = \left(L_1 - \frac{K_p}{2}\right)\sin\beta$	K_p——曲线轨道弧长, K_p = 0.01745$R\beta$, mm; L_2——车厢正面至第二根轴的距离, mm; L——车厢长度, mm; L_1——车厢正面至第一根轴的距离, mm; S_B——车厢的轴距, mm; R——曲线轨道半径, mm; β——轨道转角, (°); Δ_1, Δ_2, Δ_S——分别为曲线巷道外侧、内侧及双轨中线距加宽值, mm
曲线巷道内侧加宽值 Δ_2	当 $K_p > S_B$ 时, $\Delta_2 = \frac{S_B^2}{8R}$; 当 $K_p < S_B$ 时, $\Delta_2 = \frac{K_p}{8R} + \frac{S_B - K_p}{2}\sin\frac{\beta}{2}$	
曲线巷道双轨中线距加宽值 Δ_S	$\Delta_3 = \frac{L^2}{8R}$	

2) 曲线巷道加宽的范围

曲线巷道内外侧加宽要从曲线巷道两端直线段开始。因此，与曲线巷道相连的直线段也需加宽一段，其长度应自曲线巷道起不小于运行车辆正面至第二根轴的距离，其值可参照表 4-6 选取。双轨曲线巷道的两轨道中线距加宽起点也应从直线段开始。其长度对机车可取 5m；3t 或 5t 底卸式矿车也可取 5m；1t 矿车可取 2m。

表 4-6 直线巷道加宽的最小长度参考值

车辆类型	车辆正面距第二根轴的距离 L_2/mm	与曲线巷道相连的直线段巷道加宽的最小长度/mm
1t 固定式矿车	1275	1500
1.5t 固定式矿车	1575	2000
3t 底卸式矿车	2375	2500
5t 底卸式矿车	3300	3500
7t、10t 架线式机车	2800	3000

3) 曲线轨道的外轨超高值

为了平衡矿车在曲线轨道上运行时产生的离心力，需要将曲线轨道的外轨适当抬高 Δh。设计时，Δh 值可参照表 4-7 选取。外轨加高应从直线段开始，以 3‰~10‰的坡度逐渐增加，并在曲线段处达到需要值。

表 4-7　曲线轨道外轨超高 Δh 值

计算公式	符号注释
$\Delta h = 100\dfrac{v^2}{K} = 100\dfrac{Sv^2}{R}$	Δh——曲线轨道外轨超高值，mm； v——车辆运行速度，m/s； K——曲线轨道的半径与轨距之比，$K=\dfrac{R}{S}$； R——曲线轨道的半径，m； S——轨距，m

轨距/mm		600					900				
平均速度/m·s^{-1}		1.5	2.0	2.5	3.0	3.5	1.5	2.0	2.5	3.0	3.5
曲线半径/m	6	23	40								
	9	15	27				23	40			
	12	11	20	31			17	30			
	15	9	16	25	36	49	14	24	38	54	
	20	7	12	19	27	37	10	18	28	41	55
	25	5	10	15	22	29	8	14	23	32	44
	30	5	8	13	18	25	7	12	19	27	37
	35		7	11	15	21	6	10	16	23	32
	40		6	9	14	18	5	9	14	20	28
	45		5	8	12	16		8	13	18	25
	50		5	8	11	15		7	11	18	22

4）曲线轨道的轨距加宽值

曲线轨道轨距加宽值 ΔS_p，常采用移动内轨法计算，其值取决于轨道的曲线半径和车辆的轴距。曲线轨道轨距加宽值可按表 4-8 选取。

（二）井底车场硐室布置

1. 硐室布置原则

在符合国家现行安全规程与设计规范相关规定的前提下，硐室布置一般随井底车场形式的不同而变化。要全面考虑其用途、地质条件、施工安装和生产使用等因素，减少硐室外的工程量，满足技术经济合理的要求。

2. 主井系统硐室

主井系统硐室主要有卸矿站、主井旁侧溜井系统、箕斗装载硐室、皮带道、井底粉矿回收系统及井底排水硐室（井底水窝）等。这些硐室的布置形式取决于工程地质与水文地质条件。确定主井井筒位置时，要尽量将主井旁侧溜井系统、箕斗装载硐室布置在坚硬稳固的岩层中，其他硐室则由线路布置所决定。

表 4-8 曲线轨道轨距加宽值 ΔS_p

计算公式		符号注释						
$\Delta S_p = 0.18\dfrac{S_B^2}{R}$		ΔS_p——曲线轨道轨距加宽值，mm； S_B——车辆轴距； R——曲轨轨道半径						
设备类型		1t 固定式矿车	1.5t 固定式矿车	3t 底卸式矿车	5t 底卸式矿车	7t、10t 架线式电机车	14t 架线式电机车	20t 架线式电机车
轴距/mm		550	750	1100	1600	1100	1700	2500
曲线半径/mm	6000	9	17					
	9000	6	11			24		
	12000	5	8	18		18	43	
	15000	4	7	15		15	35	
	20000	3	5	11		11	28	
	25000	2	4	9	18	9	21	45
	30000			7	15	7	17	38
	35000			6	13	6	15	32
	40000			5	12	5	13	28
	45000			5	10	5	12	25
	50000			4	9	4	10	23

3. 副井系统硐室

副井系统硐室主要有马头门、主排水泵房、水仓及清理硐室、中央变电所及候罐室等。

通常，主排水泵房与中央变电所联合布置在副井井筒与井底车场连接处，使主排水泵房通过管子斜道与副井井筒相连，实现中央变电所向主泵房的供电路径最短，主泵房出来的排水管路通过管子斜道直接进入副井井筒。

水仓入口一般设在空车线车场的标高最低点。但理想情况下，应尽量将其设在车场与石门的连接处附近，使采区的水不流经车场而直接进入水仓。副井井筒的水可采用井底水窝泵房直接排水，也可通过泄水巷（汇水钻孔）排到主井井底粉矿回收系统的排水系统，由其进行排水。

4. 其他硐室

其他硐室有信号室、调度室、医疗室等，其位置根据线路布置和各自的要求确定。

（三）井底车场调车方式

井底车场形式确定后，车场的通过能力则直接受调车方式的影响。设计时，应根据所采用的运输车辆，确定合理的调车方式，并在井底车场图上标出空、重车的行进方向与调车路线。

1. 固定式矿车列车的调车

（1）推顶调车。电机车牵引载重列车驶入车场调车线，摘钩后电机车绕行至列车尾部，将列车顶入主、副井重车线。

（2）专用设备调车。设专用调车电机车、调车绞车或钢丝绳推车机等专用调车设备在调车线上，当电机车牵引载重列车驶入调车线后，电机车摘钩，驶向空车线牵引空车，调车作业由专用设备完成。

（3）甩车调车。电机车牵引载重列车行至分车道岔前10~20m进行减速，并在行进中电机车与重列车摘钩，电机车加速驶过分车道岔后，将道岔搬回原位，重列车借助惯性驶向重车线。

（4）推顶拉调车。在调车线上始终存放一列重车，在下一列重车驶入调车线的同时，将原重车顶入主井重车线，电机车新牵引进的重列车则留在调车线内，等下一列重车驶入。

2. 底卸式矿车列车的调车

（1）电机车摘钩、顶列车过卸载站。

（2）电机车牵引列车过卸载站。该方式有四种形式：一是列车前后双电机车牵引过卸载站；二是电机车牵引列车过卸载站，进入调车线后，电机车返回列车尾部，牵引空车驶出井底车场；三是电机车牵引列车过卸载站，进入调车线后，电机车摘钩，由调度机车牵引空列车出井底车场；四是电机车牵引列车进入调车线，电机车摘钩，由调度机车牵引列车过卸载站。

（3）机车摘钩后进入通过线，用牵引绳牵引列车过卸载站，到列车卸载时摘下牵引绳。

（四）井底车场巷道断面设计

井底车场巷道断面设计除符合一般巷道的断面设计要求外，还需要满足：

（1）电机车架空线悬挂高度必须符合国家现行安全规程与设计规范的要求；

（2）车场内主要进风巷的风速不大于6m/s；

（3）人行道必须按安全规程的要求设置并尽量减少跨线次数，弯道部分巷道的人行道尽量设在弯道内侧；

（4）车场巷道尽量减少断面变化和轨道中心距的变化。

二、井底车场坡度设计

井底车场坡度对车场正常运行、通过能力起着重要作用。由于矿车类型、铺轨质量以及各种自然因素都对矿车阻力有很大影响，所以设计坡度在生产过程中仍需调整。

（一）坡度设计应注意的问题

（1）线路内侧车辆的运行尽量利用自动滑行，以减少机械设备。

（2）主井重车线阻车器前装有推车机时，其坡度小于重车运行阻力系数。若采用甩车调车进入井底车场时，在阻车器前20~30m处设平坡或3‰下坡；阻车器前不设推车机时，设平坡；不摘钩翻车有推车机时，靠近翻车机部分设上坡。

（3）主井空车线一般采用三段坡度：第一段，矿车出翻车机后10~20m，采用加速坡，使矿车得到足够的能量滑行到停车点，但要注意避免后车撞前车，引起脱轨；第二段，设置等速坡；第三段，设平坡或3‰的下坡。

（4）副井进车线机车摘钩点至复式阻车器设置小于重车阻力系数的下坡。复式阻车器至单式阻车器间，设推车机时一般设下坡或平坡，不设推车机时设下坡；单式阻车器至罐笼间，装有推车机时设下坡或平坡，不设推车机时设下坡。

（5）副井出车线与主井空车线相同。

（6）回车线的坡度应控制在10‰以内，并注意列车起车段设平缓坡。

（7）水沟的坡度尽量与车场巷道坡度一致，水仓入口一般设在空车线侧车场标高最低点处，确定水仓入口时应注意能使水仓装满水。

（8）各段坡度确定以后，通常以停在车场内的罐笼或斜井甩车场重车线起坡点轨面标高为±0进行标高闭合计算。

（二）坡度设计

井底车场线路坡度设计方法可分为两种：一是参数选取法；二是参数计算法。

1. 参数选取法

选用表4-9给定的不同线路段的坡度值进行线路坡度的设计。

表4-9 井底车场线路坡度

矿车种类	车线名称	矿车运行线段	矿车载重/t	线路坡度/‰
固定式矿车	主井重车线	推车机前	1	顶车3~4，甩车4~5（阻车器前20~30m为0~3）
			3	顶车2~3，甩车3~4（阻车器前20~30m为0~3）
		推车机至翻车机入口	1	0（不摘钩翻车时靠近翻车机部分为2‰上坡）
			3	0（不摘钩翻车时靠近翻车机部分为2‰上坡）

续表 4-9

矿车种类	车线名称	矿车运行线段	矿车载重/t	线路坡度/‰
固定式矿车	主井空车线	翻车机出口后 10~20m 的一段	1	摘钩 12~15　不摘钩 15~18
			3	不摘钩 15~18
		紧接上段后 70~100m	1	摘钩 7~7.5　不摘钩 7.5~8.5
		紧接上段后 100~150m	3	不摘钩 6~8
		线路末端挂钩点前 25~35m	1	0~3
			3	0~3
	副井进车线（不设推车机）	机车摘钩点至复式阻车器	1	顶车 7~9
			3	顶车 5~7
		复式阻车器至单车阻车器	1	18~20
			3	15~18
		单式阻车器至罐笼边缘	1	不用摇台时 10~12，用摇台时 12~15
			3	
	副井出车线	罐笼边缘至第一个材料车线道岔止	1	18~20
			3	13~15
		第一个材料车线道岔以后至线路末端挂钩点前 15~20m	1	6~7（当为弯道时加大 1~2）
			3	4~7
		线路末端挂钩点前 15~20m	1	0~3
			3	~3
	回车线	只过空车	1	<10 上坡
			3	<10 上坡
		过空、重车	1	<7 上坡
			3	<7 上坡
底卸式矿车	重车线		3	3
			5	3
	卸载站		3	0
			5	0
	空车线		3	3（机车摘钩、顶列车过卸载站时 0~3）
			5	3

注：未标明上坡者，均为下坡。

2. 参数计算法（自动滑行计算）

（1）矿车运行阻力系数

1）矿车运行的基本阻力系数 ω_1。ω_1 与矿车的制造质量、新旧程度、维护保养状态、铺轨质量、线路结构及维护等因素有关，可按表 4-10 选取。

表 4-10 矿车运行的基本阻力系数 ω_1

矿车载重量/t	单车		列车	
	空车 ω_K	重车 ω_Z	空车 ω_{KL}	重车 ω_{ZL}
1	0.0095	0.0075	0.0110	0.0090
1.5	0.0090	0.0070	0.0105	0.0085
2	0.0085	0.0065	0.0100	0.0080
3	0.0075	0.0055	0.0090	0.0070
5	0.0060	0.0050	0.0070	0.0060

2）矿车运行的附加阻力系数。矿车运行的附加阻力系数可分别采用式 4-4~式 4-7 计算。

$$\omega_Z = \frac{0.035K}{\sqrt{R}} \tag{4-4}$$

$$\omega_3 = \frac{\pi R^2 \alpha \omega'}{100(a+b)} \tag{4-5}$$

$$\omega' = 0.5\omega_1 + \frac{0.0525}{\sqrt{R'}} \tag{4-6}$$

$$\omega_4 = \frac{20}{(G_0+G)(a+b)} \tag{4-7}$$

式中 ω_Z——矿车在曲线上运行时的附加阻力系数（见表 4-11）；

K——外轨超高系数，当外轨加高时 $K=1$，不加高时 $K=1.5$；

R——曲线半径，m；

ω_3——矿车通过道岔时的附加阻力系数；

R'——道岔曲轨半径，m；

α——道岔角，对称道岔取 $a/2$，(°)；

ω'——曲轨外侧未超高的附加阻力系数；

$a+b$——道岔长，m；

ω_4——矿车沿合岔与分岔方向通过一个自动（弹簧）道岔时，除应考虑 ω_3 外，还应考虑岔尖挤压系数；

G_0——矿车自重，kg；

G——矿车载重，kg。

表 4-11　矿车在曲线上运行时的附加阻力系数

R/m	ω_Z	
	K=1.0 时	K=1.5 时
6	0.0143	0.0214
8	0.0124	0.0188
9	0.0117	0.0175
12	0.0101	0.0152
15	0.0099	0.0138
20	0.0078	0.0117
25	0.0070	0.0105
30	0.0064	0.0096
35	0.0059	0.0089

（2）坡度计算公式

$$a = g(i - \omega) \tag{4-8}$$

$$V_M = \sqrt{V_C^2 + 2gl(i - \omega)} \tag{4-9}$$

式中　a——加速度，m/s^2；

g——重力加速度，m/s^2；

i——线路坡度，下坡取正值，上坡取负值；

ω——矿车运行的总阻力系数，为矿车运行的基本阻力系数与矿车所通过区段的所有附加阻力系数之和；

V_M——末速度，m/s；

V_C——初速度，m/s；

l——线路长度，m。

$$i_1 = \frac{G_0(\omega_Z - \omega_K) + G\omega_Z}{2G_0 + G} \tag{4-10}$$

$$i_2 = \frac{(P + nG_0)(\omega_{ZL} - \omega_{KL}) + nG\omega_{ZL}}{2P + n(2G_0 + G)} \tag{4-11}$$

$$i_3 = \frac{(2P + nG_0)(\omega_{ZL} - \omega_{KL}) + nG\omega_{ZL}}{4P + n(2G_0 + G)} \tag{4-12}$$

式中　i_1——非机车牵引矿车运输时的等阻坡度；

G_0——矿车自重，kg；

G——矿车载重，kg；

ω_Z——重车基本阻力系数，查表 4-10；

ω_K——空车基本阻力系数，查表 4-10；

i_2——单机车牵引列车运输时的等阻坡度；

P——电机车粘重，kg；

n——电机车牵引的矿车数；

ω_{ZL}——重列车基本阻力系数，查表4-10；

ω_{KL}——空列车基本阻力系数，查表4-10；

i_3——双机车牵引列车运输时的等阻坡度。

（3）双罐笼井筒与井底车场连接处（不设摇台）

矿车自动滑行计算可参照图4-4和表4-12进行。

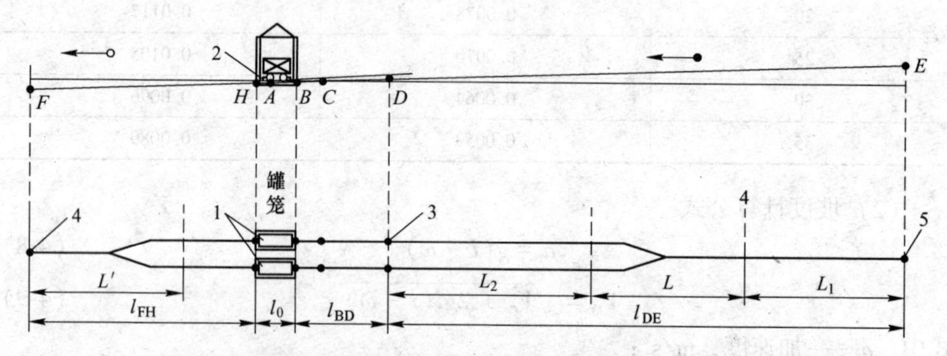

图4-4 双罐笼井筒与井底车场连接处（不设摇台）线路布置

1—罐笼；2—罐笼内阻车器；3—单式阻车器；4—基本轨起点；5—复式阻车器

表4-12 重矿车进罐笼自动滑行计算公式

计算公式	符合注释
$V_{BG} = \sqrt{V_A^2 - 2gl_{AB}(i_0 - \omega_Z)}$ $l_{AB} = \dfrac{l_0 + S_b}{2}$ $V_{BQ} = \sqrt{V_{BG}^2 + \dfrac{2A_Z}{m_Z}}$ $m_Z = \dfrac{G_0 + G}{9.81}$ $V_{CG} = \sqrt{V_{BQ}^2 - 2gl_{ABC}(i_{BC} - \omega_Z)}$ $l_{BC} = l_1 - l_{AB}$ $V_{CQ} = \dfrac{(1+\mu)V_{CD}}{1-\mu K}$ $\mu = \dfrac{G_0}{G_0 + G}$ $l_{BD} = \dfrac{V_{CQ}^2}{2g(i_{CD} - \omega_Z)} + l_{BC}$	V_{BG}——重车过B点后的速度，m/s； V_A——重车到达罐笼内阻车器A点的速度，取0.75~1.0，m/s； g——重力加速度，m/s²； l_{AB}——重车沿罐笼底板运行的距离，m； i_0——罐笼底板坡度，取0； ω_Z——重车运行的基本阻力系数； l_0——罐笼底板长度，m； S_b——矿车轴距，m； V_{BQ}——重车到罐笼与轨道接口处B点前的速度，m/s； A_Z——重车经过接口处B点所损耗的功，A_Z=20kg·m； m_Z——重车的质量，kg·s²/m； G_0——矿车自重，kg；

续表 4-12

计 算 公 式	符 合 注 释
	G——矿车载重，kg； V_{CG}——重车碰击了罐笼内空车以后（重车前轮在 C 点）的瞬时速度，m/s； l_{BC}——B、C 点的距离，m； i_{BC}——B、C 点的坡度； l_1——矿车带缓冲器的全长，m； V_{CQ}——车碰击了罐笼内空车时（前轮在 C 点）的速度，m/s； μ——质量系数； K——碰击系数，$K=0.5$； l_{BD}——单式阻车器轮挡 D 点至罐笼 B 点的距离，m； i_{CD}——C、D 点的坡度； i_{DE}——从复式阻车器 E 点至单式阻车器 D 点之线路滑行坡度；
$i_{DE}=\frac{V_F^2-V_{HG}^2}{2gl_{DE}}+\frac{(a+b)(\omega_3+\omega_4)(L-a-b)\omega_2}{l_{DE}}+\omega_Z$ $V_{AK}=V_{CG}+KV_{CQ}$ $V_{HQ}=\sqrt{V_{AK}^2-2gl_{AB}(i_C-\omega_K)}$ $l_{AH}=\frac{l_0-S_b}{2}$ $V_{HG}=\sqrt{V_{HQ}^2-\frac{2A_K}{m_K}}$ $m_K=\frac{G_0}{9.81}$	V_{DE}——矿车从 E 点启动后，到达 D 点的速度，不超过 0.75~1m/s； l_{DE}——D、E 点的距离，m； $a+b$——进车对称道岔长度，m； ω_2——进车对称道岔连接系统弯道附加阻力系数； $\omega_3+\omega_4$——进车对称道岔（自动道岔）的附加阻力系数； $L-a-b$——近似计算采用的长度，m； V_{AK}——空车在罐笼内受重力碰击所获初速度，m/s； V_{HQ}——空车到罐笼与轨道接口处 H 前的速度，m/s； l_{AH}——空车沿罐笼底板运行的距离，m； ω_K——空车运行的表阻力系数； V_{HG}——空车 H 点的速度，m/s； A_K——矿车过 H 点所消耗的功，恢复罐笼内阻车器由空车进行时，A_K= kg · m，不由空车进行时，A_K=20 kg · m； m_K——空车的质量，kg； i_{FH}——从罐笼 H 点至出车对称道岔基本轨起点 F 之间线路的自动滑行坡度； V_F——空车出井筒与井底车场连接处在线路 F 点时要求的速度，m/s；

续表 4-12

计算公式	符合注释
$i_{FH}=\frac{V_F^2-V_{HG}^2}{2gl_{FH}}+\frac{(a'+b')(\omega_3'+\omega_4')(L'-a'-b')\omega_2'}{l_{FH}}+\omega_K$	l_{FH}——F、H点的距离，m； $a'+b'$——出车对称道岔长度，m； $\omega_3'+\omega_4'$——出车对称道岔（自动道岔）的附加阻力系数； $L'-a'-b'$——近似计算采用的长度，m

（4）井底车场线路坡度闭合计算

井底车场各段坡度确定后，需进行坡度闭合计算，并且在闭合计算中再重新调整有关段的坡度，以使回车场坡度不超过控制值。经过标高闭合计算的车场巷道，从闭合内任一点开始经环形线路再回到起点，其高差为0。

坡度闭合公式如下：

$$\Delta H_{AB}=\pm L_{AB}\cdot i_{AB} \tag{4-13}$$

$$Z_B=Z_A\ \pm\Delta H_{AB} \tag{4-14}$$

式中 ΔH_{AB}——A、B两点间的高差，上坡取（+），下坡取（-）；

L_{AB}——A、B两点间的水平距离；

i_{AB}——A、B两点间的坡度；

Z_B——未知点高程；

Z_A——已知点高程。

三、井底车场的通过能力计算

在完成井底车场平面布置后，需按以下步骤确定井底车场的通过能力：

第一步，计算各种列车在车场内的调车时间；

第二步，根据各种列车的配比编制井底车场调度图表；

第三步，根据调度图表计算列车进入井底车场的平均间隔时间和每一调度循环时间，计算井底车场的通过能力。

（一）编制列车在井底车场内运行图表

1. 区段划分

先将井底车场线路绘制在1∶1000的平面图上，并在图中标出主要线路长度、道岔位置及其编号等，再按下列原则把整个线路划分为若干区段：

（1）凡一台电机车（或列车）未驶出之前，另一台电机车（或列车）不能驶入的线路，应划为一个区段。

（2）区段划分时，必须考虑设置信号的可能性和合理性。

（3）对通过线和有跟踪列车（或电机车）行驶的线路，区段划分不宜过多、过密。

井底车场线路区段划分如图 4-5。

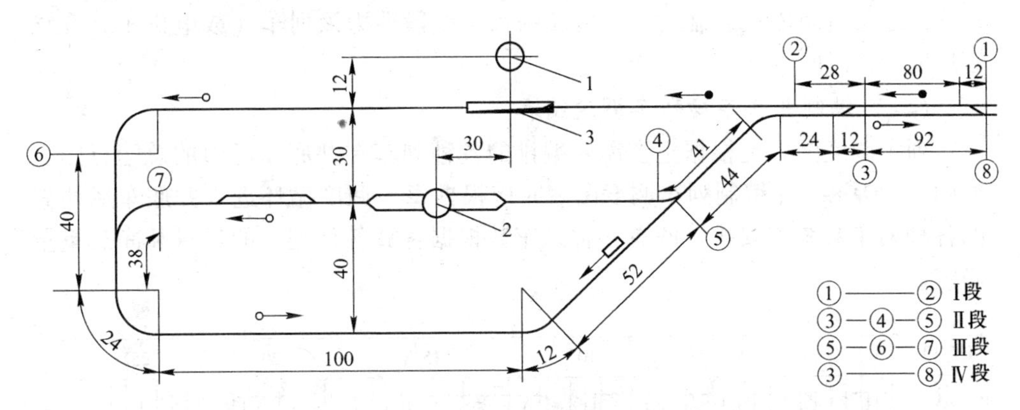

图 4-5　井底车场运行系统及区段划分

1—主井；2—副井；3—卸载站

2. 计算各种列车在车场内调车的时间

根据生产需要确定通过车场的列车种类，按照各种列车在车场所经过的线路和表 4-13 所列数据，计算各种列车在车场内的调车时间。

计算时列车甩车的初速度 v 采用式 4-15 计算。

$$v = \sqrt{2gl + (\omega \pm i)} \tag{4-15}$$

式中　g——重力加速度，m/s^2；

l——摘钩后滑行距离，m；

ω——矿车阻力系数；

i——线路坡度，上坡时取+号，下坡时取−号。

表 4-13　电机车（或列车）在车场内各区段的运行速度及调车作业附加时间

作　业　名　称	运行速度 /m·s^{-1}	附加时间/s	备　注
机车位于列车前后运距在 50m 内	1.0		
机车位于列车前后运距在 50~150m	1.5		
机车位于列车前运距在 150m 以上	2.0		
机车单独运行运距在 100m 以内	2.0		
机车单独运行运距大于 100m	2.5		
机车摘钩、挂钩、转向、启动和通过手动道岔		各取 10	
机车牵引底卸式矿车通过卸载坑	1.0		

3. 绘制列车的运行图表

用横坐标表示时间，纵坐标表示区段，将每种列车（或电机车）在所经过地段的运行时间依次绘制，每一区段的水平线段即为该列车（或电机车）在该区段的运行时间。

（二）编制井底车场列车调度图表

列车调度图表是根据生产需要编排的各种列车在井底车场内的总运行图表如图 4-6 所示。在编制列车调度图表时应根据每一调度循环进入井底车场两翼的各种列车数统筹安排，两翼各种列车数根据各翼各种列车的运量和净载重量确定。

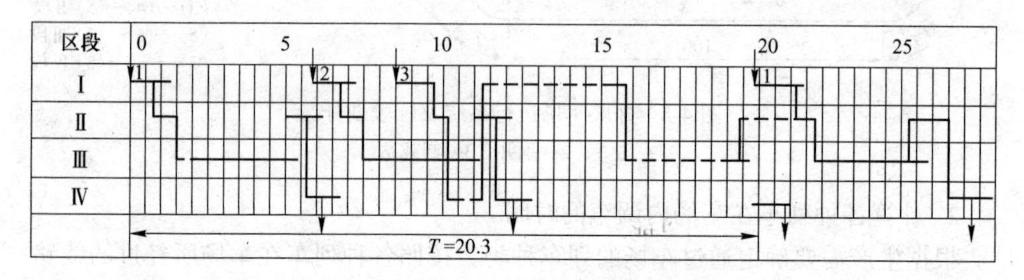

图 4-6 井底车场运行系统及调度图表

1—主井；2—副井；3—卸载

编制调度图表时，把每台电机车（或列车）的运行图表互相迭加起来，对准相同的区段左右移动，使同一区段内的各水平线段在任何情况下都不能重叠，两台电机车应有不小于 30s 的时间间隔，以保证有足够的安全距离，避免发生碰车事故。

（1）当一台单独运行或顶列车运行的电机车离开某一区段，另一台单独运行或牵引列车运行的电机车又随即进入该段时，间隔时间不小于 30s。

（2）当一台单独运行或顶列车运行的电机车离开某区段，另一台顶列车运行的电机车紧接着要进入该区段时，间隔时间不小于

$$t = \frac{S_{顶}}{V_{顶}} + 30 \tag{4-16}$$

（3）当一台牵引列车运行的电机车刚离开某区段，另一台单独运行（或牵引列车运行）的电机车随即要进入该区段时，间隔时间不小于

$$t = \frac{S_{拉}}{V_{拉}} + 30 \tag{4-17}$$

（4）当一台牵引列车运行的电机车刚离开某一区段，另一台顶列车运行的电机车随即要进入该区段时，间隔时间不小于

$$t = \frac{S_{顶}}{V_{顶}} + \frac{S_{拉}}{V_{拉}} + 30 \tag{4-18}$$

式中 t——间隔时间，s；

$S_{顶}$——顶列车长度，m；

$V_{顶}$——顶列车运行速度，m/s；

$S_{拉}$——牵引列车长度，m；

$V_{拉}$——牵引列车运行速度，m/s；

四、井底车场的通过能力

井底车场通过能力计算有两种方法：一是按规范推荐公式计算；二是按条件公式计算。

1. 规范推荐公式

$$N = \frac{k_1 mG}{k_2(1+K)t_a} \times 10^5 \tag{4-19}$$

式中 N——井底车场年通过能力，t；

m——每列车的矿车数，辆；

G——每辆车的净载重，t；

K——废石运出量占矿石产量的百分率,%；

t_a——列车进入井底车场的平均间隔时间，根据运行图表确定，取平均值，min；

k_1——年运输工作时间，按年工作日 300 天、每天 14 小时，$k_1 = 2.52 \times 10^5$，min；

k_2——运输不均衡系数，取 $k_1 = 1.15$。

井底车场富余通过能力，一般大于矿井设计能力的 30%。

2. 条件公式

$$N = \frac{k_1 Q}{k_2 T} \tag{4-20}$$

式中 Q——每一调度循环进入井底车场的所有列车的矿石净载重量，t；

T——每一调度循环时间，根据调度图表确定，min。

式 4-19 按每一调度循环进入井底车场的所有矿石列车和载有矿石的混合列车的净载矿石重计算通过能力，并按规定留有设计能力 30%的富裕通过能力。该式的使用须满足下列情况之一：

（1）两种矿车的矿石、废石列车或矿岩混合列车，其载重不相等。

（2）机车运出矿石量小于矿井设计生产能力。

（3）调度图表中安排有材料空列车或由材料空列车和其他矿车组成的混合

列车时。

3. 提高井底车场通过能力计算的措施

（1）改进车场形式和线路结构。如大型矿井井底车场的形式可由单一环形（或折返式）车场改进为折返、环形相结合的车场，将主要运输与辅助运输相联系的车场改进为主、辅运输相互独立运行的立交式井底车场形式。

（2）提高矿井运输装备标准，增大矿车载重量，改变卸载方式。如大型矿井可采用大载重、大功率、大容积的底卸式列车或梭车；中、小型矿井可将固定式矿车改为底卸式或侧卸式矿车。

（3）调整车场线路结构，增设复线，实现单双向运行；改进调车作业方式，增设调车设备（如调度机车、列车推车机、爬车机、制动器、阻车器等），提高机械操车水平，减少辅助作业时间。

（4）提高线路质量，调整线路坡度，增大轨型，加大曲线半径，降低行车阻力，提高机车运行速度；加强轨道维护及车辆检修，提高车辆的完好率。

（5）建立完善、可靠的机车信号及运行系统，实现调车作业机械化；合理调配车辆，提高管理效率。

5 主要开拓工程断面

第一节 设计任务与内容

一、设计任务

合理的井巷工程断面及其布置是确保矿山安全生产的需要，也是减少矿山建设投资和降低生产成本的重要途径。遵循国家现行金属非金属矿山安全生产规程与冶金矿山设计规范，根据井巷用途、服务年限和井巷穿过的岩层性质及地应力情况、涌水量情况，选择合适的断面形状，确定合理的断面尺寸，以满足使用要求和安全规程的规定，是采矿工程专业学生必须具备的基本能力。

主要开拓工程断面设计的原则，是在满足安全和使用的前提下，力求提高断面利用率，缩小断面、降低造价并便于施工。毕业设计中，学生需完成各种井筒的断面设计与布置、主要开拓平巷的断面设计与布置。

二、设计内容

(一) 毕业设计说明书

根据设计的具体内容，本章可作为毕业设计说明书中“矿床开拓”一章的第四节，标题为“主要开拓工程断面设计”，可分为2部分。

其一为“井筒断面设计”。学生需根据所选择的矿井开拓方式，依据本章的相关知识进行井筒断面的设计，并采用 Auto CAD 绘制井筒断面图。其中风井井筒断面图可以采用插图方式在毕业设计说明书中给出。

其二为“主要开拓巷道断面设计”。学生需根据井底车场、主要运输大巷等工程布置，设计有代表性的单轨与双轨断面巷道，并采用 Auto CAD 绘制巷道断面图。其中单轨巷道断面图可以采用插图方式在毕业设计说明书中给出。

(二) 应注意的问题

(1) 主、副井井筒断面图及双轨巷道断面图作为毕业设计附图形式给出。

(2) 毕业设计说明书中，以插图形式反映的各种工程断面图的标注必须齐全清晰，字符大小比说明书正文小一字号。

(3) 开拓工程断面布置图中，应以巷道或井筒中心线为基准，或是直接进行标注，或是通过简单计算，使各种设施在断面图中有准确的定位。

（4）竖井断面设计时，应注意根据罐笼井的井上下的进出车方向、箕斗井的装卸载方向或风井的石门方向，在井筒断面图上画出井筒方位。

第二节 竖井断面设计

一、竖井井筒断面形状

竖井是矿床地下开拓的主要工程类别之一。根据其用途、服务年限、井筒穿过的岩层性质及地应力情况、涌水量情况、选择的支护方式及施工方法等因素，竖井井筒常用断面分为矩形、圆形和椭圆形三种。其中矩形断面井筒的断面利用率最高，圆形断面竖井承受地压的性能最好，而椭圆形断面竖井承受地压在水平方向不均匀分布的能力最强。圆形断面形状的竖井具有服务年限长、承受地压性能好、通风阻力小、维护费用低和便于施工等优点，因而应用得更为广泛。

根据用途不同，竖井可分为主井、副井、混合井和风井。表5-1列出了不同竖井的用途、使用提升容器及井筒装备情况。

表 5-1 井筒用途及设备配置

井筒类型	用 途	提升容器	井筒装备	备 注
主井	提升矿石	双箕斗或箕斗+平衡锤	有时设管路间、梯子间	小型矿井可为罐笼
副井	提升废石，上下人员、材料、设备	双罐笼或罐笼+平衡锤	梯子间、管路间	
	提升废石	双箕斗或箕斗+平衡锤	有时设管路间、梯子间	废石量大的矿山单设废石提升井
混合井	提升矿石、废石，上下人员、材料、设备	箕斗+罐笼	梯子间、管路间	
风井	通风，兼作安全出口	井深大于300m时，可设应急提升设备	设梯子间	

二、竖井井筒平面布置设计依据和要求

（一）设计依据

（1）提升容器的种类、数量、最大的外形尺寸。

（2）井筒装备的类型和规格。

（3）梯子间的平面尺寸、管路及电缆的规格、数量和布置。

（4）提升容器与井筒装备、井壁之间的安全间隙。

（5）井筒通过的风量。

（二）布置要求

《冶金矿山采矿设计规范》（GB 50830—2013）对竖井井筒断面设计做了较为详细的规定，具体如下：

（1）井筒断面宜为圆形，井筒直径宜小于 5.0m。井深度较浅时，净直径宜按 0.5m 模数进级；井筒直径大于 5.0m 或井深超过 600m 时，宜按 0.1m 模数进级。矩形井筒应按 0.1m 模数进级。

（2）井筒断面应根据提升容器类型、数量、最大外形尺寸、井筒的装备方式、梯子间、管路、电缆布置、安全间隙及通过风量等要求确定。

（3）竖井内提升容器之间以及提升容器最突出的部分和井壁、罐道梁、井梁之间的最小安全间隙，应符合表 5-2 的规定。

表 5-2 竖井内最小安全间隙 （mm）

<table>
<tr><th colspan="2">罐道和井梁布置</th><th>容器和容器之间</th><th>容器和井壁之间</th><th>容器和罐道梁之间</th><th>容器和井梁之间</th><th>备 注</th></tr>
<tr><td colspan="2">罐道布置在容器一侧</td><td>200</td><td>150</td><td>40</td><td>150</td><td>罐道与导向槽之间为 20</td></tr>
<tr><td rowspan="2">罐道布置在容器两侧</td><td>木罐道</td><td>—</td><td>200</td><td>40</td><td>200</td><td rowspan="2">有卸载滑轮的容器，滑轮和罐道梁间隙增加 25</td></tr>
<tr><td>钢罐道</td><td>—</td><td>150</td><td>40</td><td>150</td></tr>
<tr><td rowspan="2">罐道布置在容器正门</td><td>木罐道</td><td>200</td><td>200</td><td>50</td><td>200</td><td rowspan="2">—</td></tr>
<tr><td>钢罐道</td><td>200</td><td>150</td><td>40</td><td>150</td></tr>
<tr><td colspan="2">钢丝绳罐道</td><td>450</td><td>350</td><td>—</td><td>350</td><td>设防撞绳时，容器之间最小间隙为 200</td></tr>
</table>

（4）专用风井的风速不应大于 15m/s；兼作通风的竖井，断面应进行风速验算，其风速应符合：专用物料提升井不应大于 12m/s，提升人员和物料的井筒及修理中的井筒不应大于 8m/s。

（5）竖井梯子间的设置，应符合下列规定：

1）上、下相邻两梯子平台的垂直距离不应大于 8m，梯子的倾角不应大于 80°。上、下相邻两层平台的梯子孔应错开布置，平台梯子孔的长和宽分别不应小于 0.7m 和 0.6m，梯子宽度不应小于 0.4m，梯蹬间距不应大于 0.3m。

2）梯子平台板应防滑。

3）梯子间与提升间应设置安全网隔开，安全网可采用玻璃钢或金属制品。

4）井深超过 300m 时，宜每隔 200m 设置一个休息点，休息点可在靠近梯子间位置处的井壁上开凿一硐室与梯子间连通。

（6）罐道与罐道梁的连接、罐道梁的布置与固定，应符合下列规定：

1）罐道接头应在罐道梁上，接头处应留有2~3mm的伸缩间隙。木罐道接头位置宜设在梁上，不在梁上时，木罐道应有补强措施。同一提升容器的两根罐道接头不应设在同一水平面上。不同容器的两根罐道安装在同一根梁上时，两根罐道的接头应错开。

2）罐道梁的层间距，木罐道宜为2~3m，金属罐道宜为4~6m。采用悬梁时，梁的长度不宜超过600mm。

3）马头门的托罐梁、装卸矿点钢梁及楔形罐道梁等应采用梁窝固定，梯子间梁与罐道梁宜采用锚杆托架固定。

（7）竖井内所有金属构件及连接件，应采取防腐措施。

（8）马头门尺寸，应根据提升容器、上下材料和设备尺寸确定，并应符合：双层罐笼同时上下人员的马头门，应设二层平台及上下人员的梯子；马头门的高度应按上层平台站立人员允许高度确定，其宽度应满足井口机械化及人行道的要求；双侧马头门在井筒旁边应设人行绕道，其宽度不应小于0.8m，高度不应小于2.0m。

（9）电梯井内应设梯子间及管缆间，并应与各阶段水平相通。设备井的断面大小应根据设备的最大外形尺寸、管线布置等因素确定，各阶段马头门设计应满足设备大件进出的要求。管缆井内应设人行梯子间，管缆井的断面布置应满足管缆安全间距及维修要求。

（10）井颈及井筒支护，应符合下列规定：

1）井颈的厚度应根据井口附近的建（构）筑物、设备及其他荷载施加的垂直力和水平力，以及井颈围岩产生的侧压力等计算确定；井颈的最小深度应根据表土层厚度，井颈内各种装置及各种孔洞之间的最小距离要求确定，井颈壁座应进入稳定岩层2~3m。

2）井筒支护的厚度应根据围岩条件、井筒直径、支护材料等因素，通过理论计算与工程类比相结合的方法确定。井壁支护厚度宜采用等厚井壁，个别地段强度不足时，可采用配筋或打锚杆、注浆等方法补强。

3）井筒穿过深厚表土层、断面、破碎带或含水层时，应通过论证，采用注浆、冻结、钻井、沉井、帷幕等特殊法施工，其井壁结构可采用混凝土、钢筋混凝土或复合材料。

三、竖井提升容器种类与主要技术特征

竖井提升容器主要有罐笼和箕斗，根据提升方式的不同，罐笼和箕斗又分为单绳提升和多绳提升两种类型。罐笼和箕斗的主要技术特征可查阅相关的设计手

册或矿山设备制造厂家的产品设计资料。

四、井筒断面的确定

（一）井筒断面确定步骤

1. 采用刚性罐道井筒断面的确定步骤

（1）根据井筒的用途和所采用的提升设备，选择井筒装备的类型，确定井筒断面布置形式。

（2）根据经验数据，初步选定罐道梁型号、罐道截面尺寸，并按国家现行安全规程和设计规范的规定，确定各种间隙尺寸。

（3）根据提升间、梯子间、管路、电缆占用面积和罐道梁宽度、罐道厚度以及规定的间隙，用图解法或解析法求出井筒近似直径，并按设计规范规定的进级模数进级确定井筒直径。

（4）根据已确定的井筒直径，验算罐道梁型号及罐道规格。

（5）根据验算后确定的井筒直径和罐道梁、罐道规格，重新作图核算，检查断面内的安全间隙，并做必要调整。

（6）根据通风要求，核算井筒断面，如不能满足通风要求，则最后按通风要求确定井筒断面。

2. 采用钢丝绳罐道井筒断面确定步骤

（1）根据井筒的用途和选用的提升容器，确定井筒断面布置形式、罐道绳的根数及布置方式。

（2）选择罐道钢丝绳的类型和直径，计算罐道绳的拉紧力。

（3）确定井筒断面内的间隙尺寸。

（4）用图解法或解析法求出井筒近似直径，也按规定进级，根据通风要求，核算井筒断面，确定井筒直径。

（5）根据已确定的井筒直径，调整安全间隙，作出断面图。

（二）刚性罐道的井筒断面确定方法

1. 罐笼井筒断面确定方法

对于如图 5-1 所示的罐笼提升带梯子间的井筒断面布置及有关尺寸，初步选定井筒断面布置、罐笼规格以及规定、罐道梁尺寸型号后，即可计算井筒断面内提升间和梯子间尺寸。

（1）罐道梁中心线间距的计算：

$$L = a + 2(h - \Delta) + \frac{b_1}{2} + \frac{b_2}{2} \tag{5-1}$$

$$L_1 = a + 2(h - \Delta) + \frac{b_1}{2} + \frac{b_3}{2} \tag{5-2}$$

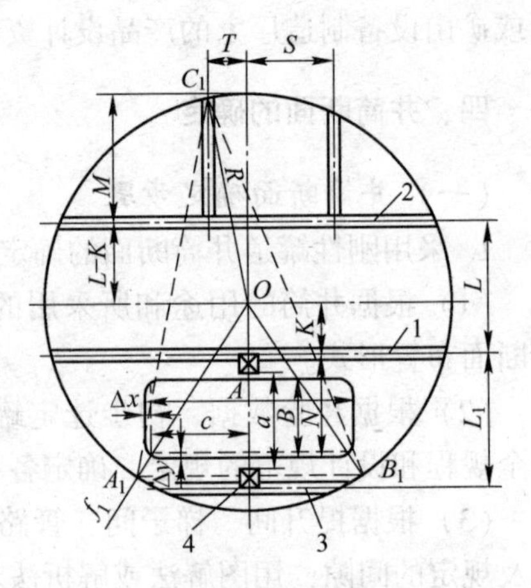

图 5-1 罐笼提升井井筒断面计算
1~3—罐道梁；4—罐道

式中 L——1、2 号罐道梁中心线距，mm；
L_1——1、3 号罐道梁中心线距，mm；
a——两侧罐道梁中间距离，mm；
h——罐道厚度（含罐道与罐道梁连接板厚度），mm；
Δ——钢罐道梁卡入木罐道深度，mm；
b_1, b_2, b_3——1、2、3 号罐道梁的宽度，mm，根据经验预选钢罐道梁的型钢宽度。

（2）根据梯子间和管子间的布置和结构尺寸计算梯子间尺寸 M、S、T：

$$M = 600 + 600 + m + \frac{b_2}{2} \tag{5-3}$$

式中 M——梯子间最长边的梁和 2 号梁中心线距离，mm；
600——两梯子的中心距离，mm；
600——梯子中心到壁板距离加一梯子中心到井壁距离，mm；
m——梯子间隔离护板的总厚度，一般 $m=50\sim70$mm。

安全规程规定，梯子孔前后长度不小于 700mm，宽度不小于 600mm，加上梯子梁宽度 100mm，故一般取 $S+T=2(700+100)=1600$mm。如图 5-1 所示，右侧布置梯子间、左侧布置管路时，一般取 $T=300\sim400$mm，因此，$S=16000-T=1300\sim1200$mm。

根据以上所求得的提升间和梯子间布置尺寸，学生可选用解析法或图解法确定井筒近似直径和罐笼在井筒中的位置。

1）解析法：根据图 5-1，可建立方程如下：

$$\left.\begin{aligned}(L-K+M)^2+T^2&=R^2\\(K+N)^2+C^2&=(R-f_1)^2\end{aligned}\right\}$$

$$N = \frac{a}{2} + (h-\Delta) + \frac{b_1}{2} + \left(\frac{B}{2} - \Delta y\right)$$

$$C = \frac{A}{2} - \Delta x \tag{5-4}$$

式中 R——井筒净半径，mm；
K——1 号罐道梁中心线与井筒中心线的距离，K 值可确定罐笼在井筒中的位置，mm；

A、B——罐笼的长和宽，mm；

Δx，Δy——罐笼转角的收缩尺寸，mm；

f_1——罐笼与井壁之间的安全间隙，按表 5-2 规定，一般取 $f_1=200\text{mm}$。

依据公式（5-4），可求出除 R、K 的值。

罐笼转角的收缩尺寸：

不同的生产厂家或不同的加工图纸，罐笼转角的形式是不同的，因而 Δx、Δy 的确定也有所不同。在确定 Δx、Δy 时，必须根据具体情况分别对待。图 5-2 给出了罐笼转角为圆角和直角两种情形下 Δx、Δy 的计算方法。

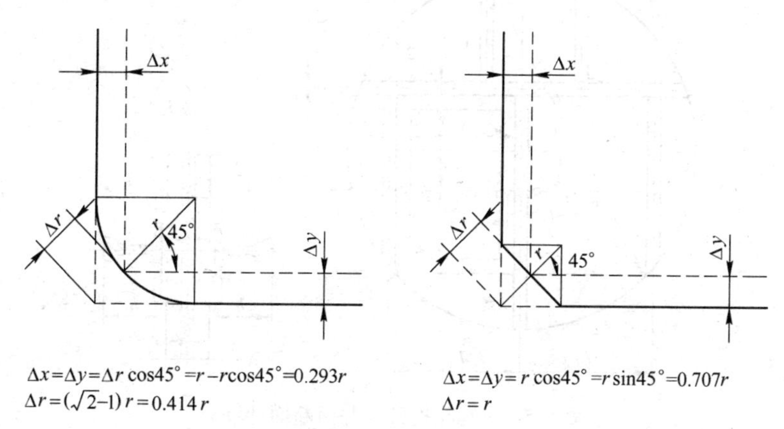

图 5-2 圆转角和直转角罐笼的 Δx、Δy 计算

2）图解法。解析法计算较繁琐，用图解法可方便、直接地求得井筒直径（见图 5-1），其步骤如下：

①根据计算求得的井筒提升间和梯子间平面尺寸，用 1∶20 或 1∶50 比例画出罐笼提升间和梯子间布置图。

②从靠近井壁的两个罐笼转角沿角平分线方向（即转角圆弧的半径方向），向外量距离 $200-\Delta r$（Δr 为罐笼转角收缩值），得 A_1、B_1 两点，再根据 M、T 求得 C_1 点。

③作 $\Delta A_1B_1C_1$ 的外接圆，可求得井筒中心 O，即可量得井筒近似半径 R（$R=OA_1=OB_1=OC_1$）以及井筒中心距 1 号罐道梁中心线距离 K。

用解析法或图解法求得 R 和 K 后，按规定进级确定井筒净直径 D。为施工方便，K 应取整数，并根据式（5-4）核算和修正罐笼与井壁的安全间隙 f_1 及 M 的值。由式（5-4）得：

$$f_1 = R - \sqrt{(K+N)^2 + C^2} \geqslant 200 \tag{5-5}$$

$$M = \sqrt{R^2 - T^2} - L + K \geqslant 600 + 600 + m + \frac{b_2}{2} \tag{5-6}$$

如不能满足式（5-5）和式（5-6）的要求，则应适当修正K值，然后再按上式核算并修正f_2及M值，最后用风量校核。若还不能满足，则需按风量要求加大井筒直径，重新调整f_1及M。

2. 箕斗井筒断面确定方法

以金属矿山典型的箕斗井筒为例，其断面布置及有关尺寸如图5-3所示，根据选定的井筒断面布置、箕斗规格以及罐道、罐道梁尺寸型号，即可按下列方法计算井筒断面提升间和梯子间尺寸。

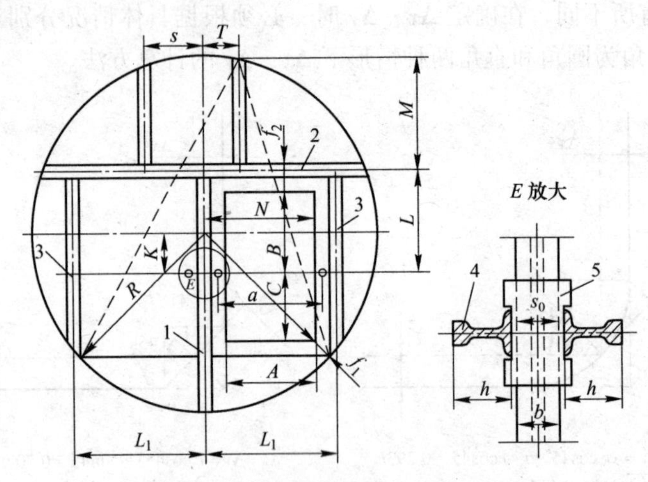

图5-3 箕斗提升井井筒断面计算

1~3—罐道梁；4—钢轨罐道；5—连接垫板

（1）罐道梁中心线间距计算：

$$L_1 = a + 2h + s_0 \tag{5-7}$$

$$L = B + f_2 + \frac{b_2}{2} \tag{5-8}$$

式中 L_1——1、3号罐道梁中心线间距，mm；

L——罐道中心线与2号罐道梁中心线之间的距离，mm；

a——两侧罐道中间的距离，mm；

h——罐道的高度，mm；

s_0——罐道的宽度（罐道与罐道梁联接垫板凹槽处宽度），mm；

B——罐道中心线到箕斗一侧距离，mm；

f_2——箕斗与2号罐道梁之间的间隙，按表5-2规定取值；

b_2——2号罐道梁宽度，mm。

图5-3中的M、S、T也可用解析法或图解法求得井筒直径及箕斗在井筒中的位置。

1）解析法。依据图 5-3 可建立方程式：

$$\left.\begin{aligned}&\left(M+\frac{b_2}{2}+f_2+B-K\right)^2+T^2=R^2\\&N^2+(K+C)^2=(R-f_1)^2\\&N=A+\frac{a-A}{2}+h+\frac{S_0}{2}\end{aligned}\right\}\tag{5-9}$$

式中 A——箕斗宽度，mm；

K——井筒中心线到罐笼中心线的距离，mm，用于确定箕斗在井筒中的位置；

C——罐道中心线到箕斗另一侧的距离，mm；

其他符号意义同前。

依据公式（5-9），可求出 R 和 K 值。

2）图解法。图解法步骤与罐笼井筒相似。

用图解法或解析法求得 R 和 K 后，同样按规定进级确定井筒净直径 D，并取 K 值为整数，然后再核算和修正 f_1 和 f_2。

由式（5-9）得：

$$f_1=R-\sqrt{N^2+(K+C)^2}\geqslant 200\tag{5-10}$$

$$f_2=\sqrt{R^2-T^2}-\left(M+\frac{b_2}{2}+B-K\right)\geqslant 200\tag{5-11}$$

如 f_1 和 f_2 不能满足要求，则应适当修正 K 值，再重新核算和修正 f_1 和 f_2，直到满足为止。

3. 风井井筒断面确定

风井井筒断面尺寸，主要根据所需通过的风量来确定。设有梯子间的风井断面布置形式如图 5-4 所示，其有效净断面面积为：

$$S_0=\frac{Q}{v}\tag{5-12}$$

式中 S_0——有效净断面面积，m^2，$S_0=S-S'$；

S——井筒净断面面积，m^2；

S'——梯子间所占面积，m^2，$S'=2.0m^2$，不设梯子间时，$S'=(0.05\sim0.1)S$；

Q——井筒所需通过的风量，m^3/s；

v——允许最大风速，m/s，按国家现行安全规程和设计规范确定。

（三）井筒断面面积计算

井筒断面面积计算公式见表 5-3。

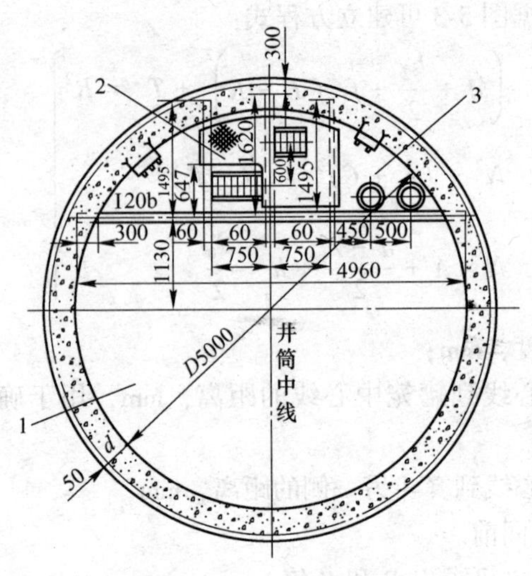

图 5-4 风井井筒断面

1—通风间；2—梯子间；3—管缆间

表 5-3 井筒断面面积计算公式

井壁材料	井筒断面面积/m^2		符号注释
	净面积	掘进面积	
料石、预制混凝土块	$\frac{\pi}{4}D^2$	$\frac{\pi}{4}(D+2a+2\delta)^2$	D——井筒净直径，mm； d——井壁厚度，mm； δ——壁后充填厚度，$\delta=100$mm
混凝土、锚喷混凝土	$\frac{\pi}{4}D^2$	$\frac{\pi}{4}(D+2d)^2$	

第三节 斜井断面设计

一、斜井断面设计应遵行的主要原则

《冶金矿山采矿设计规范》（GB 50830—2013）对斜井的断面设计做了较为详细的规定，斜井井筒断面应根据运输设备的类型、下井设备外形最大尺寸、管路和电缆布置、人行道宽度，安全间隙、操作维修要求以及需要通过风量等参数确定，并应符合下列规定：

(1) 斜井内有轨运输设备之间以及运输设备与支护之间的间隙不应小于 0.3m，带式输送机与其他设备突出部分之间的间隙不应小于 0.4m，与支护之间的间隙不应小于 0.6m。

（2）行人的运输斜井应设人行道，斜井人行道的有效宽度不应小于1.0m，有效净高度不应小于1.9m。斜井倾角为10°~15°时，应设人行踏步；15°~35°时，应设人行踏步及扶手；大于35°时，应设梯子。

（3）有轨运输的斜井，车道与人行道之间宜设坚固的隔离设施；未设隔离设施的，提升时不应有人员通行。

（4）带式输送机提升的斜井井筒兼作进风井时，风速不得超过4m/s；矿车组提升的斜井兼作进风井时，风速不得超过6m/s；斜风井当无提升设备又不作为安全出口时，风速不得超过15m/s；当无提升设备但兼作安全出口时，风速不得超过8m/s。

（5）斜井兼作提升和人行通道时，在人行道一侧宜设躲避硐。躲避硐的间距宜为30~50m，净高度不应小于1.9m，净宽和净深不应小于1.0m。

二、斜井的断面形状与支护形式

斜井的断面形状主要是根据斜井井筒所穿过的岩层的稳定程度和支护方式所确定的。《冶金矿山采矿设计规范》（GB 50830—2013）对斜井的断面形状与支护形式选择规定如下：

（1）井筒断面形状及支护方式应根据井筒穿过围岩性质、地压情况、井筒用途及服务年限等确定。

（2）斜井井口至稳定岩层之间应采用混凝土或钢筋混凝土支护，且向稳定岩层内应至少延伸5m。

（3）地震烈度为7度及以上的地区，斜井井口至稳定岩层之间应采用钢筋混凝土支护，且向稳定岩层内应至少延伸5m。

学生在毕业设计时，可根据表5-4所给出的断面形状及其适用范围进行选择。

表5-4 斜井井筒断面形状及其适用范围

序号	断面形状	优 缺 点	适 用 范 围
1	梯形	断面利用率高，施工简单，对不均匀地压适应性较好，但支护维修量大	适用于围岩条件较好，服务年限较短的矿井
2	半圆拱	受力性能较好，承受顶压、侧压能力较强，巷道断面利用率较低、掘进费用较高	围岩不稳固，顶、侧压较大，矿山服务年限较长
3	圆弧拱	介于半圆拱和三心拱之间	适用于围岩中等稳固，侧压较小，服务年限较长的矿井
4	三心拱	断面利用率较高，施工费用较半圆拱低，承载能力较差，顶压较大时易破坏	适用于围岩中等稳固，地压较小，服务年限较长的矿井

续表 5-4

序号	断面形状	优 缺 点	适 用 范 围
5	圆形、椭圆形、马蹄形	结构稳定，能承受多向压力，断面利用率较低，施工复杂且费用较高	适用于围岩不稳定、地压较大的矿山

三、斜井井筒装备及设施

斜井井筒内除设有提升运输设备外，按其用途的不同，还设有运输线路、人行道、各种管路、供电线路等系统。井筒内的运输线路需根据矿井的服务年限、生产规模、提升设备选型及提升能力等因素，选用不同的线路布置方式、不同的轨枕和道床等。

（一）轨道

1. 轨型选择

斜井井筒内的轨道应根据提升方式、提升容器的类型和提升速度等因素选择不同的轨型，可参考表 5-5。

表 5-5 斜井井筒装备轨型选择

提升容器类型与提升速度		钢轨型号（kg/m）
箕斗	载重≥6t	38、43
	载重≤4t	24
矿车	载重 3t，车速>3. 5m/s	24
	载重 3t，车速<3. 5m/s	18，24
	载重 1t，车速>3. 5m/s	18，24
	载重 1t，车速<3. 5m/s	15，18

2. 道床

斜井井筒内的道床可分为道碴道床、整体道床和简易整体道床三类。学生应根据三类道床的适用条件进行选择并设计。《冶金矿山采矿设计规范》（GB 50830—2013）对斜井井筒的道床做了如下规定：

（1）倾角大于 10°的斜井，应设置轨道防滑装置，轨枕下面的道碴厚度不应小于 50mm。

（2）采用矿车组提升的斜井井筒，倾角不大于 23°时，应采用道碴道床，并宜采用钢筋混凝土轨枕。

(3) 采用箕斗提升或倾角大于 23° 矿车组提升的斜井井筒，宜采用固定道床。

(4) 采用人车运送人员的井筒，其道床、轨枕及轨道连接件应按人车制动要求选取。

3. 轨道防滑

由于重力的作用，斜井轨道易产生轨道下滑，造成上部轨道接缝加大、下部轨道接缝缩小，导致轨道连接螺栓被剪断。当斜井倾角大于 10°时，必须设置轨道防滑装置。

斜井轨道防滑装置分为固定钢轨法和固定轨枕法两种，见表 5-6。前者的使用效果较好，现场采用较多。学生设计时，所选用或设计的斜井轨道防滑装置及其相关参数，以插图方式在毕业设计说明书中反映出来。

表 5-6　斜井轨道防滑装置

固定方式		图　示	特征与要求	使用效果
固定钢轨	型钢固定	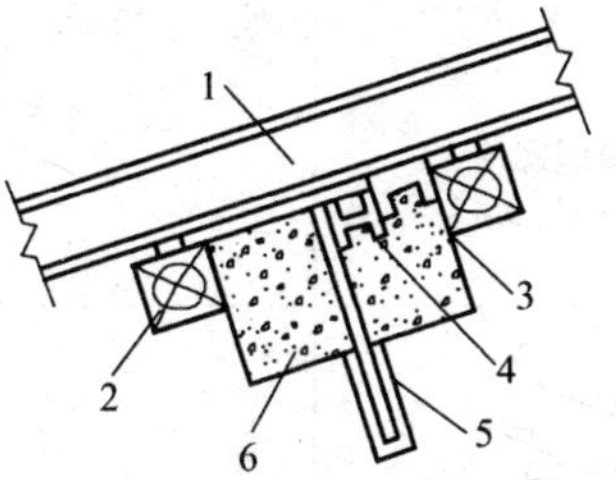 1—钢轨；2—轨枕；3—槽钢［16； 4—工字钢 I12；5—圆钢 $\phi30$； 6—混凝土底梁	用型钢固定钢轨，每 30m 设一组	为 1t 矿车斜井串车提升轨道防滑标准设计
	钩形板固定	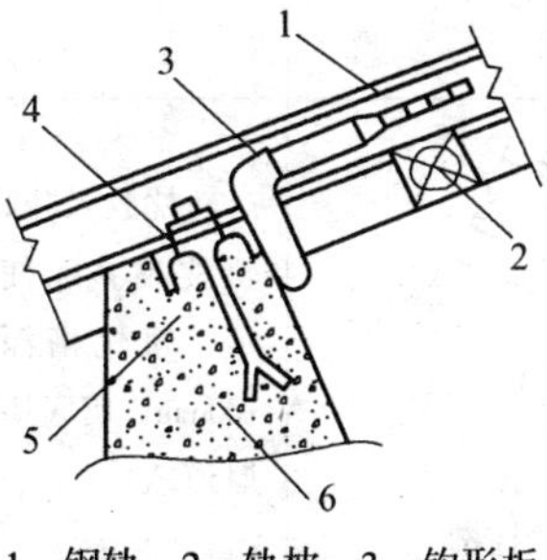 1—钢轨；2—轨枕；3—钩形板 4—槽钢［14；5—螺栓 M32×500； 6—混凝土底梁	用钩形板固定钢轨，每 15 ~ 20m 设一组	维修更换方便，防滑效果好

续表 5-6

固定方式		图　示	特征与要求	使用效果
固定钢轨	鱼尾板固定	1—钢轨；2—轨枕；3—特制鱼尾板；4—钢轨桩（15kg/m）	用特制鱼尾板固定钢轨，每 20m 设一组	防滑效果好，但枕木易腐烂，须经常维修更换
	预埋螺栓固定	1—钢轨；2—轨枕；3—预埋螺栓；4—混凝土底梁	用预埋螺栓固定钢轨，每 20m 设一组	防滑效果好，钢轨与底梁间有枕木增加了弹性，但预埋螺栓易腐蚀且不易更换
固定轨枕	防滑桩固定	1—钢轨；2—轨枕；3—防滑桩；4—撑木	每隔 15~20m 在井筒底板、轨枕两端各打一防滑桩（型钢或圆钢）	有一定的防滑作用，但钢轨震动易导致道钉松动，钢轨产生下滑，使防滑失效
	井筒底板槽内固定	1—钢轨；2—轨枕；3—轨枕槽	轨枕放入井筒底板轨枕槽内，使其固定，轨枕槽深 80~100mm，槽底垫 50mm 厚道碴	

（二）人行道

为行人方便与安全，斜井井筒中需根据井筒坡度和实际需要，设置人行台阶和扶手。《冶金矿山采矿设计规范》（GB 50830—2013）对斜井人行道的设计规定如下：

行人的运输斜井应设人行道，斜井人行道的有效宽度不应小于 1.0m，有效净高度不应小于 1.9m。斜井倾角为 10°~15°时，应设人行踏步；15°~35°时，应设人行踏步及扶手；大于 35°时，应设梯子。有轨运输的斜井，车道与人行道之间宜设坚固的隔离设施，未设隔离设施的，提升时不应有人员通行。

1. 台阶布置形式

一般情况下，台阶的布置形式有两种，见表 5-7。设计时，可根据实际情况选择。

表 5-7　台阶布置形式

布置形式	图　示	砌筑材料与方式	优缺点
单独砌筑		用料石或预制混凝土块砌筑或用混凝土浇筑	台阶稳固，但施工复杂，井筒断面利用率低
水沟盖板兼作台阶		用预制混凝土块砌筑	施工简单，井筒断面利用率高，但易活动，不稳固，水沟清理困难

2. 台阶踏步尺寸确定

斜井倾角不同，人行台阶的高度与宽度也有所不同（图 5-5）。台阶踏步的尺寸计算方法如下：

$$l = 2h_t + T \tag{5-13}$$

$$\frac{h_t}{T} = \tan\alpha \tag{5-14}$$

式中　l——台阶长度，一般取 600~700mm；

h_t——台阶高度，mm；

T——台阶宽度，mm；

α——斜井倾角，(°)。

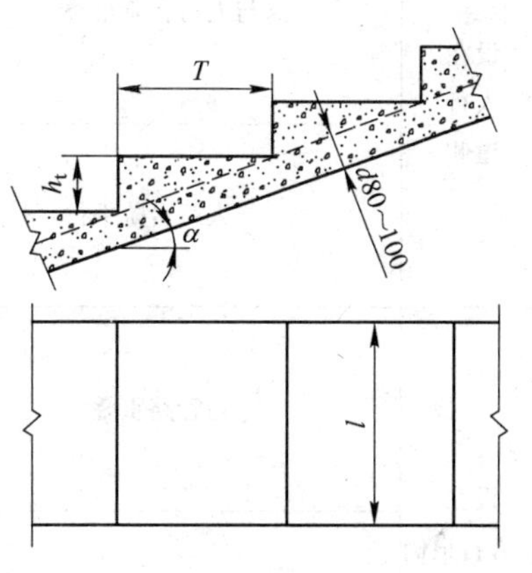

图 5-5　台阶踏步尺寸

根据斜井倾角 α，先设定台阶高度 R，根据式（5-14）求出台阶宽度 T，再将 R 和 T 代入式（5-13）进行验算，满足台阶长度 l 的取值范围即可；否则，须重新进行计算。

3. 扶手

扶手安设应满足以下要求：

（1）扶手安设的高度一般为800~900mm。

（2）扶手距墙壁之间的净间距一般为60~80mm。

（3）扶手一般安设在人行道一侧的井壁上。

（三）水沟

《冶金矿山采矿设计规范》（GB 50830—2013）对斜井的水沟设计规定如下：

（1）服务年限长、涌水量大的斜井，应设置水沟。

（2）服务年限短、井筒底板岩石稳定、涌水量在5~10m^3/h的，可沿井筒墙边挖顺水槽。

（3）服务年限短，井筒底板岩石稳定、涌水量在5m^3/h以下的斜井，可不设水槽。

（4）斜井内除设纵水沟外，应根据井筒涌水量大小，在井筒内每隔30~50m设一横向截水沟，其坡度不得小于3%。

（5）斜井在含水层下方时，阶段与斜井井筒连接处附近应设横向截水沟。

根据在斜井断面中的位置，水沟可布置在人行道一侧，与人行台阶平行或重叠；也可布置在非人行道一侧，与管路平行或与管路重叠；还可布置在轨道中央或皮带运输机下方。见表5-8。

表5-8 水沟在斜井断面中的位置

水沟布置形式		图示
设在人行道侧	与人行台阶重叠	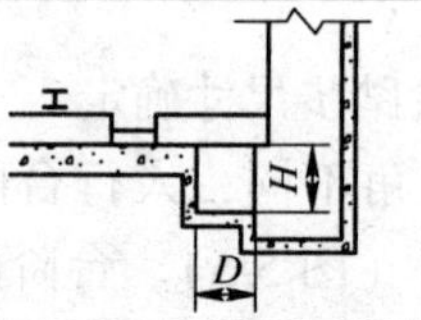
	与人行台阶平行	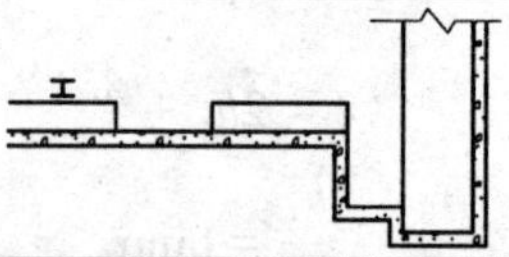
设在非人行道侧	与管路重叠	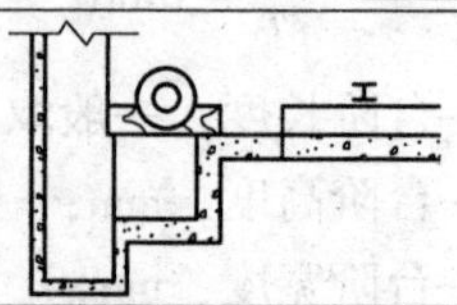
	与管路平行	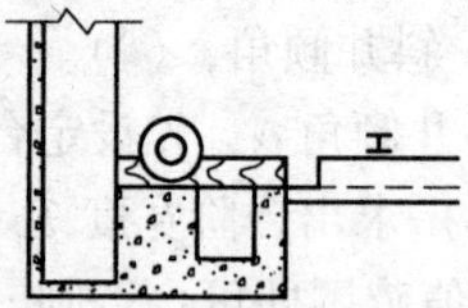

续表 5-8

水沟布置形式	图　示
设在皮带运输机底下 （或轨道中央）	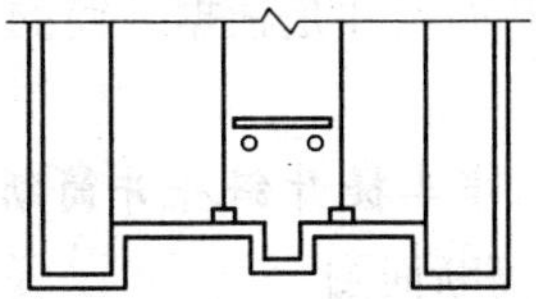

当水沟与人行道（或管路）平行布置，或布置在轨道中央（或皮带运输机下方）时，可减小斜井断面尺寸，降低开挖量。

（四）管线敷设

1. 敷设要求

（1）管路一般敷设在辅助提升的井筒内，视井筒内的设施情况，可布置在人行道侧或非人行道侧。

（2）斜井井筒内须同时敷设电缆与管路时，应分设在井筒两侧；如果必须设在同一侧时，电缆应设在管路的上方，并至少保持 300mm 以上的距离，同时，电缆的悬挂高度尽量高于提升容器的高度。

（3）充填管道严禁设在主、副斜井井筒内。

（4）管路或电缆在人行道一侧敷设时，须保证其敷设后必须满足人行道的有效高度和有效宽度，并且不妨碍行人安全。

（5）管路或电缆在非人行道一侧敷设时，须保证其敷设后托管梁底部（管路悬吊安装时为管路底部）的高度或电缆最低部位的高度至少高于提升容器 300~500mm。

（6）斜井内的照明线、动力电缆及信号电缆应分开敷设。动力电缆及信号电缆不能分开敷设时，信号电缆的敷设高度要高于动力电缆 100mm 以上。

2. 管路敷设方法

斜井井筒中管路的敷设方式和安装方法与平巷基本相同。分为架空式和落地式两种，考虑到检修与维护方便，以及提升容器脱轨或侧翻后可能对管路造成的损坏，提倡采用架空式敷设与安装管路。

（1）架空式是将管路架设或悬吊在井壁上。安装方法是将管路安放（或悬吊）在托管梁上并用 U 形卡固定。托管梁埋入井壁的深度一般为 300~350mm，管路壁到井壁的距离应保持至少 80~100mm，以便于维修为宜。

（2）落地式是将管路直接放在斜井底板的管座上。大多数情况下，该方式是将管路放在非人行道一侧；如将管路放在人行道一侧，则管路不能侵占人行道的有效宽度。

3. 缆线敷设方法

常用的电缆敷设方法为挂钩法，安装简单。

四、斜井井筒断面尺寸的确定

井筒断面尺寸是根据井筒的用途、人行道宽度、管路与电缆敷设和安全间隙确定的。

（一）串车提升斜井井筒断面布置

1. 井筒断面图

图 5-6~图 5-9 给出了圆弧拱和三心拱两种断面形式下，单轨和双轨串车提升

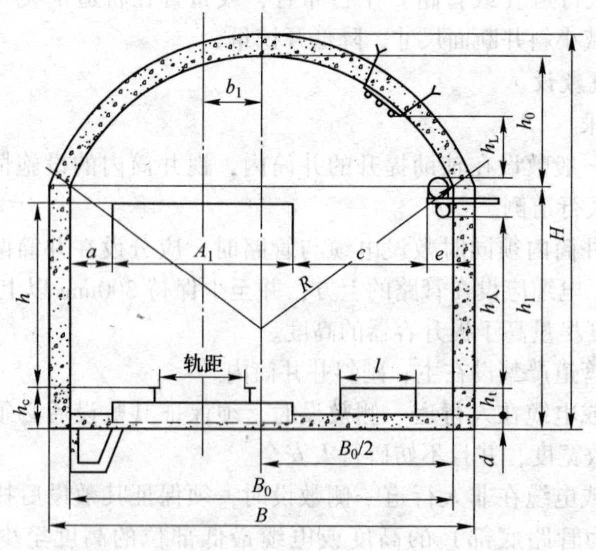

图 5-6 单轨串车提升斜井井筒断面布置（以圆弧拱为例）

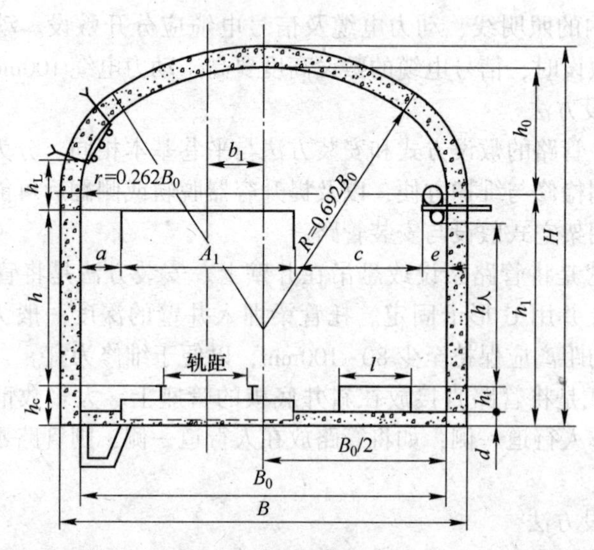

图 5-7 单轨串车提升斜井井筒断面布置（以三心拱为例）

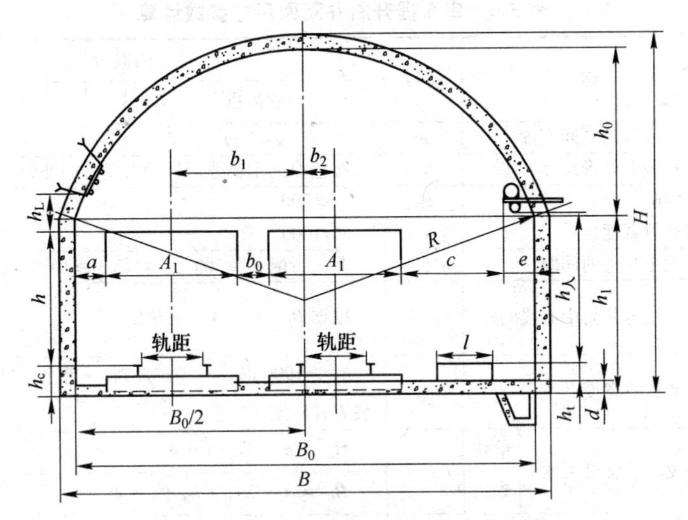

图 5-8　双轨串车提升斜井井筒断面布置

（以圆弧拱为例）

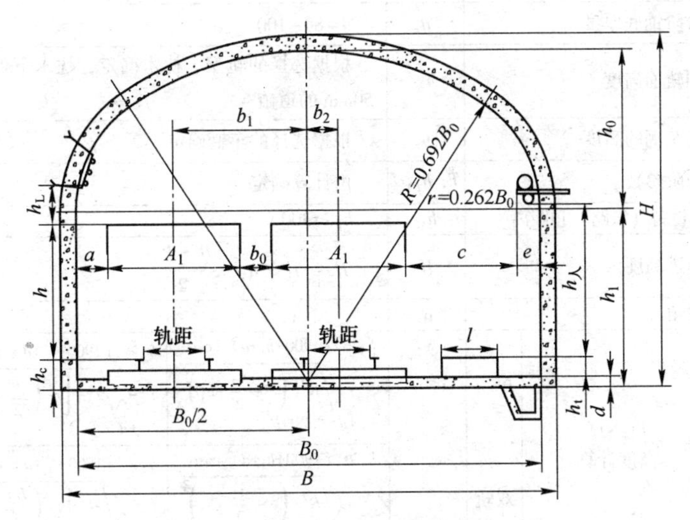

图 5-9　双轨串车提升斜井井筒断面布置

（以三心拱为例）

时的斜井井筒断面布置图。学生绘制井筒断面图时，应按比例绘制，并将图中的所有尺寸标注出来。

2. 井筒断面尺寸的确定

图 5-6~图 5-9 中所示的串车提升斜井井筒断面尺寸，可参照表 5-9 进行计算。

表 5-9 串车提升斜井断面尺寸参数计算

序号	名称	符号	计算依据与公式：圆弧拱	计算依据与公式：三心拱
1	非人行侧设备与壁间宽度	a	$a \geqslant 300$	$a \geqslant 300$
2	运行设备最大外形尺寸	A_1	按选取的车辆或运送最大设备的外形尺寸确定	
3	两设备间隙	b_0	$b_0 \geqslant 300$	
4	人行道有效宽度	c	$c \geqslant 1000$	
5	设备上缘至井壁的间隙	a'，c'	非人行侧 $a' \geqslant 300$，人行侧 $c' \geqslant 1000$	
6	轨道上心线与井筒中心线间距	b_1，b_2	根据 B_0、b_0、A_1、a 确定	
7	管路安装影响宽度	e	$h_人 \geqslant 1900$ 时，$e=0$；否则，e 根据管路直径及其安装方式确定	
8	井筒净宽度、掘进宽度　单轨	B_0，B	$B_0 = a + A_1 + c + e$	
	井筒净宽度、掘进宽度　双轨		$B_0 = a + 2A_1 + b_0 + c + e$	
9	拱高	h_0	$h_0 = \frac{1}{3}B_0$	
10	拱顶曲率半径	R，r	$R=0.542B_0$	$R=0.692B_0$，$r=0.262B_0$
11	人行台阶铺底厚度	d	$d=80 \sim 100$	
12	底板到轨面高度	h_c	根据选择的轨型、枕木确定，枕木下保持厚度大于50mm 的道碴	
13	轨面起车辆的高度	h	根据选择的车辆确定	
14	人行台阶参数	T，h_t，l	由计算确定	
15	电缆至设备（管路）顶距离	h_L	$h_L \geqslant 300$	
16	巷道掘进高度	H	$H = h_1 + h_1 - \frac{B - B_0}{2}$	
17	斜井倾角	α		
18	底板至井筒壁高　按人行高度计算　单轨	h_1	$h_1 \geqslant (1900+h_t+d)\cos\alpha - \sqrt{R^2-\left(c'+\frac{A_1}{2}-b_1\right)^2} + d + 0.209B_0$	$h_1 \geqslant (1900+h_t+d)\cos\alpha - \sqrt{r^2-\left[r-\left(\frac{B_0}{2}+b_1-\frac{A_1}{2}-c'\right)\right]^2} + d$
	底板至井筒壁高　按人行高度计算　双轨		$h_1 \geqslant (1900+h_t+d)\cos\alpha - \sqrt{R^2-\left(c'+\frac{A_1}{2}+b_2\right)^2} + d + 0.209B_0$	$h_1 \geqslant (1900+h_t+d)\cos\alpha - \sqrt{r^2-\left[r-\left(\frac{B_0}{2}-b_2-\frac{A_1}{2}-c'\right)\right]^2} + d$
	底板至井筒壁高　按设备上缘至拱壁最小安全间隙要求计算　人行侧　单轨		$h_1 \geqslant h+h_c+0.209B_0 - \sqrt{R^2-\left(c'+\frac{A_1}{2}-b_1\right)^2}$	$h_1 \geqslant h+h_c - \sqrt{r^2-\left[r-\left(\frac{B_0}{2}+b_1-\frac{A_1}{2}-c'\right)\right]^2}$
	底板至井筒壁高　按设备上缘至拱壁最小安全间隙要求计算　人行侧　双轨		$h_1 \geqslant h+h_c+0.209B_0 - \sqrt{R^2-\left(c'+\frac{A_1}{2}+b_2\right)^2}$	$h_1 \geqslant h+h_c - \sqrt{r^2-\left[r-\left(\frac{B_0}{2}-b_2-\frac{A_1}{2}-c'\right)\right]^2}$
	底板至井筒壁高　按设备上缘至拱壁最小安全间隙要求计算　非人行侧		$h_1 \geqslant h+h_c+0.209B_0 - \sqrt{R^2-\left(a'+\frac{A_1}{2}+b_1\right)^2}$	$h_1 \geqslant h+h_c - \sqrt{r^2-\left[r-\left(\frac{B_0}{2}-b_1-\frac{A_1}{2}-a'\right)\right]^2}$

注：表中，除角度外，其余单位均为 mm。

(二) 箕斗提升斜井井筒断面布置

1. 井筒断面图

图 5-10 和图 5-11 给出了圆弧拱和三心拱两种断面形式下，双箕斗提升时的斜井井筒断面布置图。学生绘制井筒断面图时，应按比例绘制，并将图中的所有尺寸标注出来。

设计为单箕斗提升时，可将图中双箕斗改为单箕斗，井筒宽度相应减小一个箕斗在断面中所对应的 A_1+b_0 的尺寸即可。

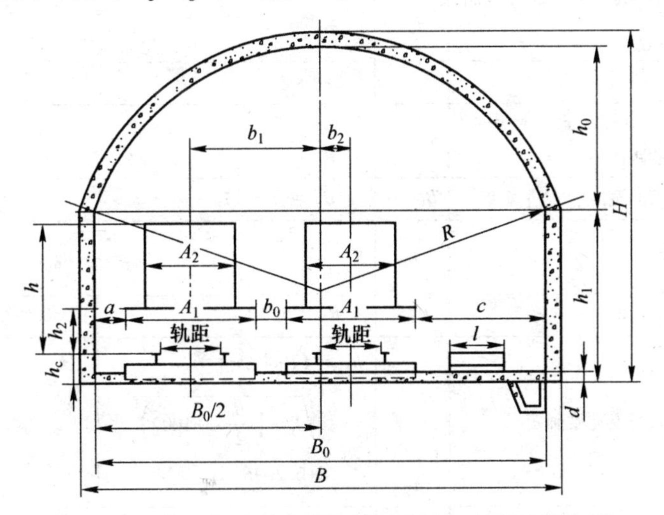

图 5-10　双箕斗提升斜井井筒断面布置（以圆弧拱为例）

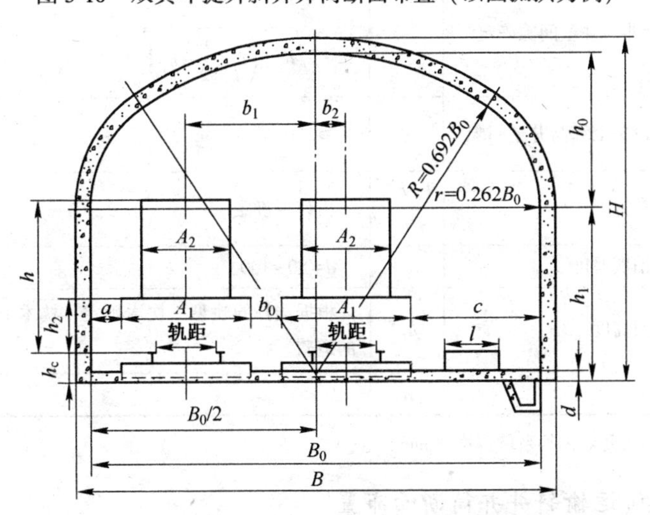

图 5-11　双箕斗提升斜井井筒断面布置（以三心拱为例）

2. 井筒断面尺寸的确定

图 5-10 和图 5-11 中所示的箕斗提升斜井井筒断面尺寸可参照表 5-10 进行计算。

表 5-10 箕斗提升斜井井筒断面尺寸参数计算

序号	名称		符号	计算依据与公式	
				圆弧拱	三心拱
1	箕斗最突出部位与井壁间隙		a	≥300	
2	井筒宽度确定	箕斗最大外形尺寸	h, A_1, A_2	根据所选箕斗型号确定	
3		两箕斗最突出部位之间的间隙	b_0	≥300	
4		人行道宽度	c	≥1000	
5		箕斗中心线至井筒中心线间的距离	b_1, b_2		
6		井筒净宽度、掘进宽度	B_0, B	$B_0 = a + 2A_1 + b_0 + c$	
7	拱顶高度		h_0	$h_0 = \frac{1}{3}B_0$	
8	拱顶曲率半径		R, r	$R=0.542B_0$	$R=0.692B_0,\ r=0.262B_0$
9	墙高	按人行道宽度确定	h_1	$h_1 \geq (1900+h_t)\cos\alpha - \sqrt{R^2-\left(\frac{B}{2}-c+1000\right)^2}+d+0.209B_0$	$h_1 \geq (1900+h_t)\cos\alpha - \sqrt{r^2-(r-c+1000)^2}+d$
10		按箕斗与井壁间隙确定		$h_1 \geq h+h_c+0.209B_0 - \sqrt{R^2-\left(a'+\frac{A_2}{2}+b_1\right)^2}$	
11	非人行侧设备上缘与井壁间隙		a'	≥300	
12	人行台阶参数		T, h_t, l	由计算确定	
13	人行台阶铺底厚度		d	$d=80\sim100$	
14	底板到轨面高度		h_c	根据选择的轨型、枕木确定，枕木下保持不大于 50 的道碴。	
15	斜井倾角		α		

注：表中，除角度外，其余单位均为 mm。

(三) 胶带运输斜井井筒断面布置

1. 井筒断面图

井筒断面根据选用的胶带运输机型号，考虑检修道及提升容器（矿车、材料车或人车）、人行台阶及管线布置等因素，分为台阶中间布置和台阶一侧布置两种形式，井筒断面可为半圆拱、圆弧拱和三心拱。图 5-12 和图 5-13 分别为胶带运输斜井圆弧拱和三心拱断面的台阶中间布置和台阶一侧布置的断面布置形式。学生绘制井筒断面图时，应按比例绘制，并将图中的所有尺寸标注出来。

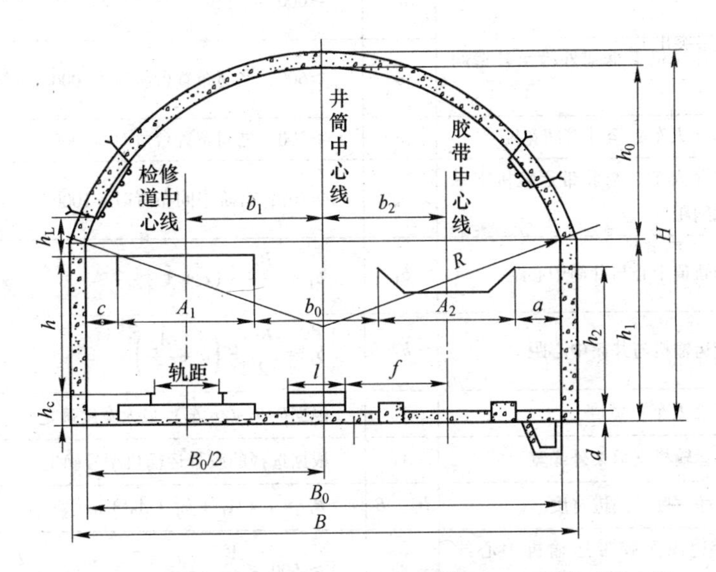

图 5-12 胶带运输斜井台阶中央布置井筒断面（以圆弧拱为例）

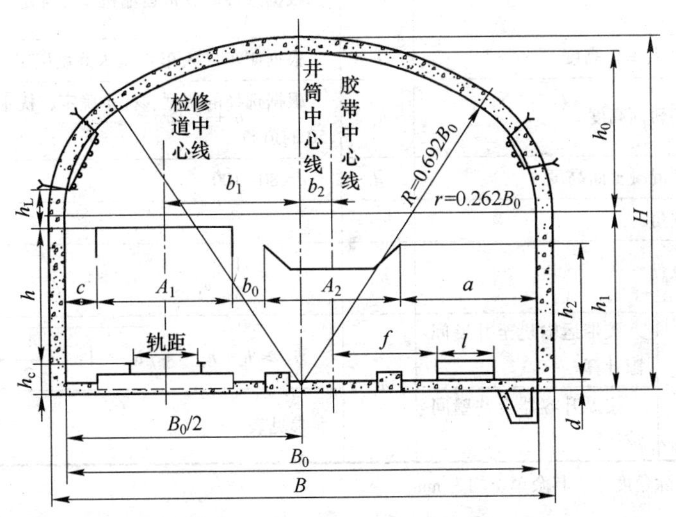

图 5-13 胶带运输斜井台阶一侧布置井筒断面（以三心拱为例）

2. 井筒断面尺寸的确定

图 5-12 和图 5-13 中所示的胶带运输斜井井筒断面尺寸可参照表 5-11 进行计算。

表 5-11 胶带运输斜井井筒断面尺寸参数计算

序号	名称	符号	计算依据与公式
1	胶带运输机支承架上缘至井壁间隙	a'	≥600
2	胶带运输机支承架外缘至井壁间宽度	a	≥600；之间布置台阶时≥1000
3	矿车（人车）至井壁间宽度	c	≥300；之间布置台阶时≥1000
4	矿车（人车）与胶带运输机支承架外缘间距	b_0	≥400；台阶中间布置时≥1000
5	检修轨道中心与井筒中心距	b_1	$b_1 = \frac{B_0}{2} - (c + A_1)$
6	胶带运输机与井筒中心距	b_2	$b_1 = \frac{B_0}{2} - \left(a + \frac{A_2}{2}\right)$
7	矿车（人车）宽度	A_1	根据矿车（人车）最大宽度确定
8	胶带运输机支承架外缘宽	A_2	根据选择的胶带运输机型号确定
9	井筒净宽度、掘进宽度	B_0、B	$B_0 = c + A_1 + b_0 + A_2 + a$
10	台阶边缘至胶带运输机中心线距离	f	$\geqslant 500 + \frac{A_2}{2} - \frac{l}{2}$
11	胶带运输机支承架上缘至混凝土面高度	h_2	根据选择的胶带运输机型号确定
12	矿车（人车）高度	h	根据矿车（人车）最大高度确定
13	底板到轨面高度	h_c	根据选择的轨型、枕木确定，枕木下保持不大于50的道碴
14	底板到混凝土面高度	d	$d = 80 \sim 100$
15	斜井倾角	α	
16	井筒拱高	h_0	$h_0 = \frac{1}{3}B_0$
17	井筒墙高：胶带运输机至井壁间隙计算	h_1	$h_1 \geqslant h + h_c - \sqrt{R^2 - \left(a' + \frac{A_2}{2} + b_1\right)^2}$
	井筒墙高：按提升容器至井壁间隙计算		参见表 5-6

注：表中，除角度外，其余单位均为 mm。

第四节 斜坡道断面设计

斜坡道是斜井的一种特殊形式，是实现利用无轨自行设备运送矿岩及材料、人员上下及无轨自行设备出入井下的一种开拓工程类型。

《冶金矿山采矿设计规范》（GB 50830—2013）规定，无轨斜坡道设计应符合下列要求：

（1）无轨运输的斜坡道应设人行道或躲避硐室。

（2）人行道的有效净高度不应小于 1.9m，有效宽度不应小于 1.2m。

（3）躲避硐室的间距，在曲线段不应超过 15m，在直线段不应超过 30m。

（4）躲避硐室的高度不应小于 1.9m，深度和宽度不应小于 1.0m。无轨运输设备与支护之间的间隙不应小于 0.5m。

一、斜坡道类型及单、双车道的确定

斜坡道按其布置和用途的不同，分为主斜坡道和辅助斜坡道两种类型。

主斜坡道是无轨自行设备进出地下、运输矿石以及联通地表与矿体的直接通道，一般与其他主要井巷工程构成矿井联合开拓系统。辅助斜坡道直通地表但不承担矿石运输任务，只做辅助运输，起到副井的作用。

一般情况下，斜坡道采取单线行车方式。为保证行车安全和有效提高无轨设备通过能力，斜坡道长度每隔 300~400m，应设坡度不大于 3%、长度不小于 20m 并能满足错车要求的缓坡段。该缓坡段应满足双车并行通过的要求，即双车道。

二、斜坡道断面形状及尺寸计算

（一）斜坡道断面形状

根据工程围岩稳定性和地应力分布状况，常用的斜坡道断面形状有半圆拱、圆弧拱和三分之一三心拱。图 5-14 ~ 图 5-17 分别为圆弧拱和三心拱断面形状时有、无人行道两种情形下的斜坡道断面布置形式。学生绘制斜坡道断面图时，应按比例绘制，并将图中的所有尺寸标注出来。

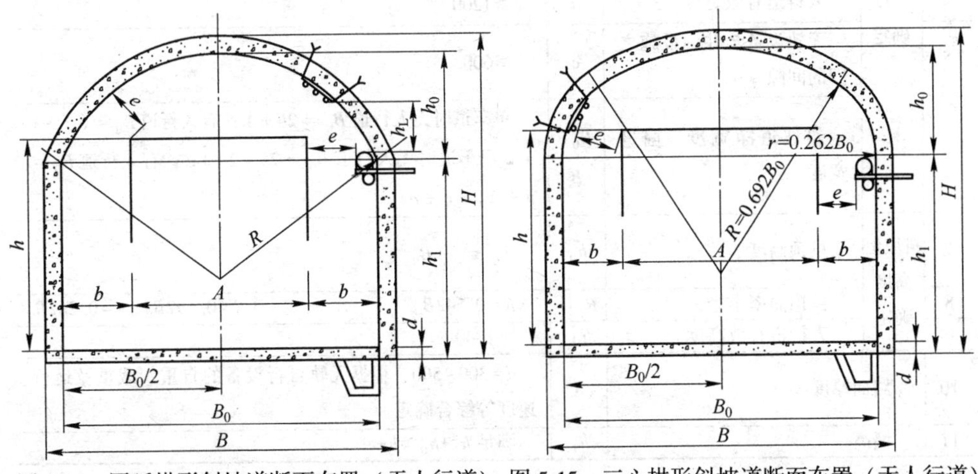

图 5-14　圆弧拱形斜坡道断面布置（无人行道）　图 5-15　三心拱形斜坡道断面布置（无人行道）

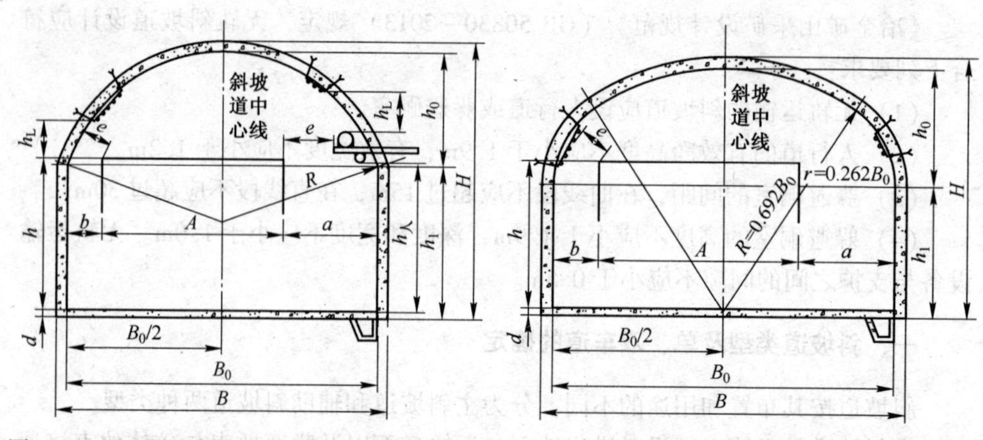

图 5-16 圆弧拱形斜坡道断面布置（有人行道）图 5-17 三心拱形斜坡道断面布置（有人行道）

（二）断面尺寸确定

图 5-14~图 5-17 中所示的斜坡道断面相关尺寸可参照表 5-12 所给出的计算依据与公式进行计算。

表 5-12 斜坡道断面尺寸参数计算

序号	名称		符号	计算依据与公式：圆弧拱	计算依据与公式：三心拱
1	斜坡道宽度确定	无轨设备最突出部位与井壁间隙	b	≥600	
2		无轨设备最大外形尺寸	h，A	根据所选无轨设备型号确定	
3		两无轨设备最突出部位之间的间隙	c	≥600	
4		人行道有效宽度	a	≥1200	
5		无轨设备与井内设施之间的间隙	e	≥600	
6		斜坡道净宽度、掘进宽度	B_0、B	单车道时无人行道 $B_0 = 2b + A$；有人行道 $B_0 = b + A + a$；双车道时无人行道 $B_0 = 2b + 2A + c$；有人行道 $B_0 = b + 2A + c + a$	
7	斜坡道高度确定	拱顶高度	h_0	$h_0 = \frac{1}{3}B_0$	
8		拱顶曲率半径	R，r	$R = 0.542B_0$	$R = 0.692B_0$，$r = 0.262B_0$
9		人行道有效高度	$h_人$	≥1900	
10	路面厚度		d	$d = 300 \sim 500$，根据无轨自行设备的自重、载重及运行速度等综合确定	
11	墙高		h_1	满足 $h_1 + h_0 \geq h + e$	

注：表中，单位均为 mm。

三、经验法确定斜坡道断面尺寸

采区主要用于铲运机移动的斜坡道（如采区斜坡道），可以根据铲运机斗容与断面的最优配合，通过经验法来确定铲运机运行的斜坡道断面尺寸，见表5-13。

表5-13　铲运机运行的斜坡道断面经验尺寸

铲斗容积/m^3	设备尺寸/m		巷道断面尺寸/m	
	宽度	高度	宽度	巷道高度
0.76	1.20~1.88	1.14~1.90	2.8~3.5	2.5~2.8
1.50	1.85~1.88	1.52~1.58	±3.5	±2.8
1.65	1.50~1.88	1.40~1.68	±3.5	±2.8
2.30	1.53~2.20	1.60~1.80	3.5~3.8	±2.8
3.06	2.13~2.50	1.52~2.10	3.8~4.2	2.8~3.2
3.80	2.13~2.60	1.65~2.20	3.8~4.2	2.8~3.2
5.66	2.43~2.80	1.83~2.25	4.2~4.5	±3.2
8.50	3.05~3.28	1.91~2.29	±5.0	3.2~3.5

第五节　巷道断面设计

一、巷道断面形状选择

常用巷道断面形状有半圆拱形、圆弧拱形、三心圆拱形、梯形及矩形。在不稳定、大地压岩体中，如果常用巷道断面及支护方式难以维护时，则应采用特殊断面，如马蹄形、圆形、椭圆形等，见表5-14。

表5-14　巷道断面形状及其适用条件

断面形状		适用条件
名称	图形	
半圆拱形	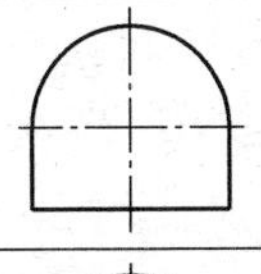	顶压大、侧压小、巷道无底鼓，断面利用率较低
圆弧拱形	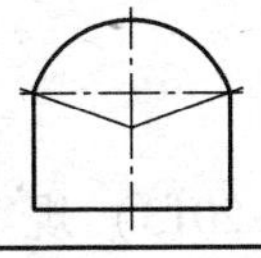	巷道跨度较大，断面利用率较高

续表 5-14

断面形状		适用条件
名称	图形	
三心拱形		与半圆拱形相比，拱顶承压能力较差，断面利用率较高，适用于围岩稳定性较高的巷道与硐室
梯　形		顶板暴露面积较矩形小，可减小顶压，能承受较大的侧压
矩　形		断面利用率较高，顶压与侧压均较小，巷道服务时间短
圆　形		围岩松软，有膨胀性，四周压力很大，用其他形状均不能抵抗围压
马蹄形		围岩松软，有膨胀性，顶、侧压很大，有一定的底压
椭圆形		巷道四周压力大且分布不均匀，根据顶压和侧压的大小，可采用垂直或水平布置

选择巷道断面形状时应考虑下列因素：

(1) 巷道所处的位置及围岩的物理力学性质，地压作用方向及大小；

(2) 巷道的服务年限；

(3) 支护方式和支护材料；

(4) 邻近矿井同类巷道的断面形状等。

二、巷道断面设计的相关规定

《冶金矿山采矿设计规范》（GB 50830—2013）规定，平巷断面应根据运输设备的类型、运输设备的外形最大尺寸，管路和电缆布置，人行道宽度、安全间隙，通过风量等确定，并应符合下列要求：

（1）平巷内有轨运输设备之间以及运输设备与支护之间的间隙不应小于0.3m，带式输送机与其他设备突出部分之间的间隙不应小于0.4m，无轨运输设备与支护之间的间隙不应小于0.6m。

（2）行人的运输巷道应设人行道，人行道的有效净高度不应小于1.9m，有效宽度为：人力运输的巷道不应小于0.7m；机车运输的巷道不应小于0.8m；调车场及人员乘车场，两侧均不应小于1.0m。井底车场矿车摘挂钩处应设双侧人行道，人行道净宽度不应小于1.0m；带式运输机的巷道，不应小于1.0m；运输平硐内，人行道宽度不应小于1.0m；无轨运输的平硐，人行道宽度不应小于1.2m。

（3）架线式电机车运输的滑触线由轨面算起的悬挂高度，在主要运输巷道，当线路电压低于500V时，不应低于1.8m；当线路电压高于500V时，不应低于2.0m。在井下调车场架线式电机车道与人行道交叉点，当线路电压低于500V时，不应低于2.0m。井底车场（至运输人员车站）不应低于2.2m。

（4）巷道内电缆敷设在水平巷道内，电缆悬挂高度和位置应使电缆在矿车脱轨时不致受到撞击，在电缆坠落时不致落在轨道或运输机上。电力电缆悬挂点间距不应大于3m，控制与信号电缆及小断面电力电缆悬挂点间距应为1.0～1.5m，与巷道周边最小净距离不应小于50mm。

不应将电缆悬挂在风、水管上。电缆上不应悬挂任何物件。电缆与风水管平行时，电缆应敷设在管子的上方，其净距离不应小于300mm。高、低压电力电缆敷设之间的净距离不应小于100mm；高压电缆之间、低压电缆之间的净距离不小于50mm，并不应小于电缆外径。

（5）永久性轨道路基应采用碎石后砾石道碴，轨枕下面的道碴厚度不应小于90mm，轨枕埋入道碴的深度不应小于轨枕厚度的2/3。道碴道床上部宽度应大于轨枕长度50～100mm。

（6）巷道断面平均最高风速：在主运输巷道和采区进风巷道，最高风速为6m/s；在中段的主要进、回风巷道，最高风速为8m/s；在专用总进、回风巷道，最高风速为15m/s。

（7）水沟设计时，水沟坡度应和巷道坡度一致，不宜小于3‰。井底车场或巷道平坡段内，水沟坡度应按排水要求设计。水沟断面形状宜采用梯形。水沟盖板宜采用钢筋混凝土预制板，其厚度不应小于50mm，宽度宜大于水沟上宽200mm，混凝土强度等级宜为C20。

（8）有轨平巷弯道加宽当有轨车辆在弯道上运行时，弯道应加宽，加宽值应符合表5-15的要求。

表 5-15 弯道加宽值

运输方式	内侧加宽（mm）	外侧加宽（mm）	线路中心距加宽（mm）
电机车运输	100	200	200
人力运输	50	100	100

无轨弯道加宽段应向直线段延伸，其长度应按式 5-15 计算：

$$L_1 \geqslant \frac{L + L_s}{2} \tag{5-15}$$

式中 L_1——延伸长度，mm；

L——车辆长度，mm；

L_s——车辆轴距，mm。

(9) 巷道支护应根据巷道穿过围岩性质、地压情况、巷道用途及服务年限等确定。

三、巷道断面设计

巷道断面是根据通过巷道中运输设备的类型和数量，按国家现行安全规程和设计规范规定的人行道宽度和各种安全间隙，并考虑管路、电缆及水沟的合理布置等来设计净断面尺寸，然后按通过该巷道的允许风速来校核，合格后再设计支护结构及尺寸，绘制施工图和工程量表。

图 5-18~图 5-20 分别给出了半圆拱形、圆弧拱形和三心拱形巷道断面的尺寸计算图。

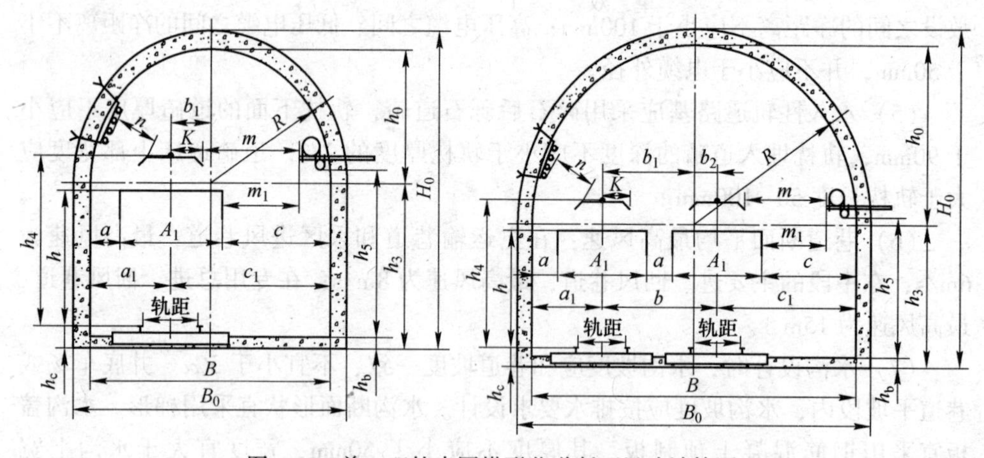

图 5-18 单、双轨半圆拱形巷道断面尺寸计算图

(一) 巷道断面净宽度的确定

直墙巷道的净宽度系指两墙内侧的水平距离。对梯形巷道，当其内运行电机

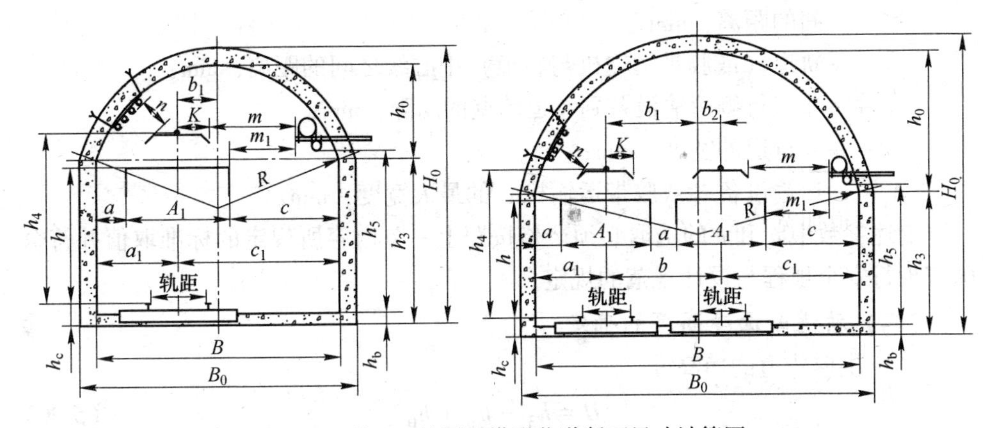

图 5-19　单、双轨圆弧拱形巷道断面尺寸计算图

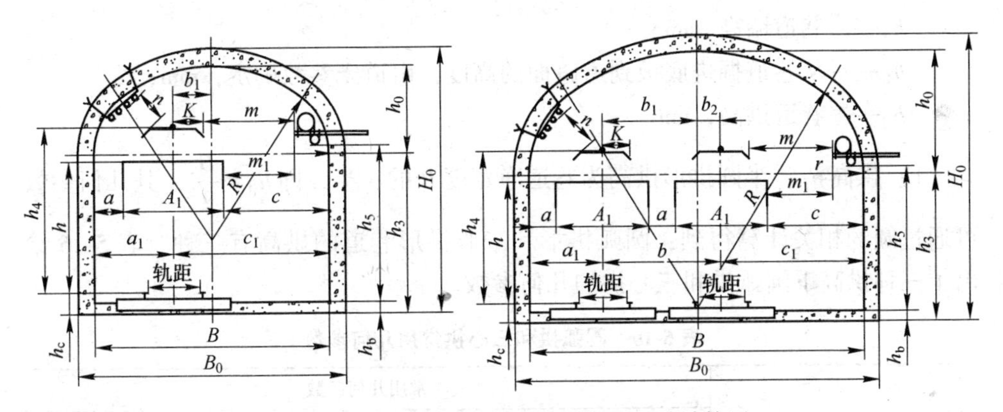

图 5-20　单、双轨三心拱形巷道断面尺寸计算图

车或矿车时，则净宽度系指自道碴面起电机车或矿车车体最大高度处巷道宽度；当其内设置运输机时，系指自巷道底板起 1.6m 处的巷道宽度。

如图 5-18～图 5-20 所示，巷道净宽度可按下列公式计算：

（1）双轨巷（包括胶带运输机与轨道共同布置巷道）

$$B = a_1 + b + c_1 \tag{5-16}$$

或

$$B = 2a + 2A_1 + c \tag{5-17}$$

（2）单轨巷道（包括胶带运输机布置巷道）

$$B = a_1 + c_1 \tag{5-18}$$

或

$$B = a + A_1 + c \tag{5-19}$$

式中　B——巷道净宽度，mm；

a_1，c_1——分别为非人行侧和人行侧轨道（胶带运输机）中心线到巷道墙壁之间的距离，mm；

b——轨道（或胶带运输机与轨道）中心线之间的距离，mm；

a——非人行侧运输设备到巷道墙壁的间隙，mm；

c——人行道的宽度，mm；

A_1——运输设备（或胶带运输机）的最大宽度，mm。

上述参数中 a 和 c 的选取必须严格按照上一节内容所规定的标准取值并符合国家现行安全规程与设计规范的规定。

（二）巷道断面净高度的确定

（1）拱形巷道的净高度

$$H = h_3 - h_b + h_0 \tag{5-20}$$

式中 H——巷道净高度，mm；

h_3——巷道墙高，mm；

h_b——从巷道掘进底板到道碴面的高度，由道床参数确定，mm；

h_0——巷道拱高，mm。

1）拱高 h_0。半圆拱形拱高为巷道净宽度 B 的一半，即 $h_0 = \frac{B}{2}$，其几何参数可通过圆的相关计算得到；圆弧拱形和三心拱形巷道的拱高有三种，表 5-16 给出了三种拱高下圆弧拱和三心拱的几何参数。

表 5-16 圆弧拱和三心拱常用几何参数

拱形	图示	常用几何参数						
		拱高 h_0	大圆心角	小圆心角	大圆半径	小圆半径	弧长	面积
圆弧拱形		$\frac{B}{3}$	134°46′		0.542B		1.274B	0.241B^2
		$\frac{B}{4}$	106°16′		0.625B		1.159B	0.175B^2
		$\frac{2}{5}B$	154°38′		0.512B		1.383B	0.298B^2
三心拱形		$\frac{B}{3}$	67°23′	56°19′	0.692B	0.261B	1.329B	0.264B^2
		$\frac{B}{4}$	53°08′	63°26′	0.904B	0.173B	1.221B	0.198B^2
		$\frac{2}{5}B$	77°19′	51°21′	0.593B	0.346B	1.420B	0.315B^2

2）墙高 h_3。为满足行人、设备运行、运输、安装和检修的需要，拱形巷道的墙高可按表 5-17 给出的公式计算。

表 5-17　拱形巷道墙高 h_3 计算公式

<table>
<tr><th colspan="3" rowspan="2">计算条件</th><th colspan="3">墙高 h_3 计算公式/mm</th></tr>
<tr><th>半圆拱形</th><th>圆弧拱形</th><th>三心拱形</th></tr>
<tr><td colspan="3">按人行道高度要求</td><td>$h_3 \geqslant 1900+h_b-\sqrt{R^2-(R-j)^2}$</td><td>$h_3 \geqslant 1900+h_b+R-h_0-\sqrt{R^2-\left(\frac{B}{2}-j\right)^2}$</td><td>$h_3 \geqslant 1900+h_b-\sqrt{r^2-(r-j)^2}$</td></tr>
<tr><td colspan="3">按架线式电机车导电弓子要求</td><td>$h_3 \geqslant h_4+h_c-\sqrt{(R-n)^2-(K+b_1)^2}$</td><td>$h_3 \geqslant h_4+h_c+R-h_0-\sqrt{(R-n)^2-(K+b_1)^2}$</td><td>当$\frac{r-a_1+K}{r-n}<\cos\beta$时，
$h_3 \geqslant h_4+h_c+R-h_0-\sqrt{(R-n)^2-(K+b_1)^2}$；
当$\frac{r-a_1+K}{r-n}>\cos\beta$时，
$h_3 \geqslant h_4+h_c-\sqrt{(r-n)^2-(r+K+a_1)^2}$</td></tr>
<tr><td rowspan="3">按设备上缘至拱壁的最小安全间隙要求</td><td rowspan="2">人行侧</td><td>双轨</td><td>$h_3 \geqslant h+h_c-\sqrt{R^2-\left(c'+\frac{A_1}{2}+b_2\right)^2}$</td><td>$h_3 \geqslant h+h_c+R-h_0-\sqrt{R^2-\left(c'+\frac{A_1}{2}+b_2\right)^2}$</td><td>$h_3 \geqslant h+h_c-\sqrt{r^2-\left[r-\left(\frac{B}{2}-b_2-\frac{A_1}{2}-c'\right)\right]^2}$</td></tr>
<tr><td>单轨</td><td>$h_3 \geqslant h+h_c-\sqrt{R^2-\left(c'+\frac{A_1}{2}-b_1\right)^2}$</td><td>$h_3 \geqslant h+h_c+R-h_0-\sqrt{R^2-\left(c'+\frac{A_1}{2}-b_1\right)^2}$</td><td>$h_3 \geqslant h+h_c-\sqrt{r^2-\left[r-\left(\frac{B}{2}+b_1-\frac{A_1}{2}-c'\right)\right]^2}$</td></tr>
<tr><td colspan="2">非人行侧</td><td>$h_3 \geqslant h+h_c-\sqrt{R^2-\left(a'+\frac{A_1}{2}+b_1\right)^2}$</td><td>$h_3 \geqslant h+h_c+R-h_0-\sqrt{R^2-\left(a'+\frac{A_1}{2}+b_1\right)^2}$</td><td>$h_3 \geqslant h+h_c-\sqrt{r^2-\left[r-\left(\frac{B}{2}+b_1-\frac{A_1}{2}-a'\right)\right]^2}$</td></tr>
</table>

一般情况下，对于架线式电机车运输巷道，按架线高度和管路安装高度计算出的墙高应能满足要求，但需验算人行道的有效高度和有效宽度；对于其他巷道，则需按行人要求计算墙高，使其满足《安全规程》对有效高度和有效宽度的规定。

计算结果必须按只进不舍的原则，按 10mm 进位。

表 5-18 列出了巷道断面设计相关符号注释。

表 5-18 巷道断面设计相关符号注释

<table>
<tr><th>符号</th><th>注 释</th><th>符号</th><th>注 释</th></tr>
<tr><td>h_3</td><td>拱形巷道墙高，mm</td><td>m</td><td>导电弓距管路的安全距离，≥300mm</td></tr>
<tr><td>h_b</td><td>巷道底板至道碴面高度，mm</td><td>m_1</td><td>运输设备距管路的安全距离，≥300mm</td></tr>
<tr><td>h_c</td><td>巷道底板至轨面高度，mm</td><td rowspan="2">R</td><td rowspan="2">半圆、圆弧拱形半径，或三心拱形大圆半径，mm</td></tr>
<tr><td>h_4</td><td>轨面至电机车架线高度，mm</td></tr>
<tr><td>h_0</td><td>巷道拱高，mm</td><td>r</td><td>三心拱形小圆半径，mm</td></tr>
<tr><td>h_5</td><td>人行道有效高度，1900mm</td><td>A_1</td><td>运输设备最大宽度，mm</td></tr>
<tr><td>h</td><td>轨面起至设备上缘高度，mm</td><td>a，c</td><td>设备与巷道墙之间的距离，≥300mm</td></tr>
<tr><td>n</td><td>导电拱至巷道壁间的安全距离，300mm</td><td rowspan="2">a_1，c_1</td><td rowspan="2">非人行侧和人行侧轨道（胶带运输机）中线至巷道墙间的距离，mm</td></tr>
<tr><td>K</td><td>导电弓宽度之半，360mm</td></tr>
<tr><td>B</td><td>巷道净宽度，mm</td><td rowspan="2">a'，c'</td><td rowspan="2">非人行侧和人行侧轨道（胶带运输机）中线至巷道墙间的距离，mm</td></tr>
<tr><td>B_0</td><td>巷道掘进宽度，mm</td></tr>
<tr><td>b_1，b_2</td><td>轨道（胶带运输机）中线与巷道中线间距离，mm</td><td>j</td><td>巷道有效净高不小于 1900mm 处到墙（或管路）的水平距离，mm</td></tr>
</table>

根据计算出的几何参数，即可实现巷道断面的快速作图。

（2）梯形和矩形巷道的净高度

$$H = h_1 + h_c - h_b \tag{5-21}$$

式中 H——梯形（或矩形）巷道净高度，mm；

h_1——从轨面到巷道顶板支护顶梁下缘的高度，mm；

h_c——从巷道底板到轨道面高度，mm；

h_b——从巷道底板到道碴面高度，mm；无道碴时 $h_b = 0$。

（三）曲线巷道加宽与外轨加高

参见“井底车场”部分。

（四）水沟

水沟的设计与布置有多种方式，由于其设计较为简单，巷道断面设计时可参考教材或相关采矿设计手册。

（五）巷道支护

巷道的支护形式有混凝土衬砌、喷射混凝土支护，钢筋混凝土衬砌、型钢支架、锚喷网支护等。通常应根据巷道的类型和用途、巷道的服务年限、围岩的物理力学性质以及支架材料的特性、来源等因素综合分析，选择合理的支护形式。支护方式应力求承载能力强、就地取材、施工方便、经济耐用、维修量小。

设计时，可参考教材或相关采矿设计手册对支护方式与支护参数进行选择并设计。

（六）风速验算

按上述有关规定和方法确定的巷道断面，必须按照国家现行安全规程和设计规范进行风速验算。若风速超过允许的最高风速，则应重新修改断面尺寸，满足通风要求。风速通常按式（5-22）验算：

$$V = \frac{Q}{S_{净}} < V_{允} \tag{5-22}$$

式中 Q——根据设计要求通过该巷道的风量，m^3/s；

$S_{净}$——巷道通风断面面积，m^2；

$V_{允}$——允许通过的最大风速，m/s，根据巷道用途和安全规程规定确定。

（七）绘制巷道断面图并编制工程量及材料消耗量表

按 1：50 比例绘制巷道断面图，计算工程量及编制材料消耗量表。

6 矿井提升与运输

第一节　设计任务与内容

一、设计任务

矿井提升运输的主要任务是把工作面采下的矿石和掘进工作面的废石经由井下巷道及井筒运输提至地面指定地点；往返运送人员和矿井生产用的设备、材料。其主要特点：一是提升运输设备与设施大部分布置在井筒与巷道之中，受空间的限制，设备设施结构应紧凑，尺寸应尽量小；二是提升运输的类型多，井下运输环节多，运输线路长短不一，水平、倾斜和垂直线路交叉相连，装载、卸载等辅助设备与辅助环节多且复杂；三是井下运输的流动性强，运输线路随着工作面的推进，需要延长或缩短，运输设备的工作地点也要随之改变；四是工作条件恶劣，提升运输设备要耐腐蚀、耐粉尘，或具有防爆性能。

金属矿山的矿井提升运输系统包括了矿井提升和水平运输两大方面。其中矿井提升是指沿矿井井筒运出矿石与废石，升降人员、材料、设备和器材等；水平运输是指将工作面生产的矿石与废石运至溜井或提升井筒，或将采矿生产所需的设备、材料、人员等运到生产工作面。

矿井提升与运输是矿山生产的动脉，也是制约矿山生产能力的咽喉，系统复杂、管理要求高。设计与矿床开拓系统相适应的、经济合理与安全可靠的矿井提升运输系统与方案，是保证矿山生产能力的关键。设计或选择现场适用的运输设备、确保各种设备的合理配套和安全使用，合理选取各种技术参数，统筹考虑各环节之间的相互衔接与相互保障，是矿井提升运输设计中必须认真思考的问题。

在设计中，学生要特别注意对矿产资源与开发潜力方面的研究，要考虑到企业未来扩大生产能力的可能性，在控制性工程（如竖井提升）上留有余地，在操作性方面尽量简化布置。

二、设计内容

（一）毕业设计说明书

根据设计的具体内容，本章的标题为“矿井提升与运输”，可分为3部分：

其一为“概述”。学生需根据矿床开拓、矿井生产能力部分的主要设计内容，叙述本章设计的基础资料（或基本条件）、设计的原则和主要设计内容。

其二为“矿井提升”。学生需根据所确定的井筒形式、生产能力要求，选择提升容器、提升钢丝绳、提升天轮，选择提升机与电动机，确定提升机与井筒的相对位置，计算钢丝绳的偏角与仰角，选择、计算井筒装备，绘制提升速度图与力图。

其三为“阶段运输”。学生需根据阶段生产能力，完成电机车的选型，确定列车组的矿车数量、质量与装载量，以及阶段同时工作的电机车数量。

（二）注意的问题

（1）矿井提升与运输与矿床开拓工程布置及其相关尺寸密切相关，相互影响。设计时，学生要注意前后设计数据的一致性，防止产生矛盾。

（2）矿井提升和运输能力是保障矿山生产能力的关键内容之一，凡与生产能力相关的计算，都必须建立在矿井年生产能力的基础上。

第二节　竖 井 提 升

一、提升选择的一般原则

1. 主井提升容器类型的选择

主井提升容器类型、数量和规格，主要根据矿井年产量、井筒深度及矿井年工作日数来确定。一般情况的金属矿山，井深300m左右，日产量约700t，多用罐笼提升矿石；井深大于300m，日产量大于1000t时，多用箕斗提升。

如主井除提升矿石外还要提升废石，则应在矿井年产量内增加废石量，其废石量一般占矿井年产量的15%～20%。

当主井选用箕斗提升时，根据所求得的一次合理提升量及矿石容重，即可选用标准箕斗。

如主井采用罐笼提升时，首先要根据矿井运输的矿车规格，决定选用与之相适应的罐笼，然后再根据所求得的一次合理提升量，确定罐笼每层装车数或罐笼层数。

一般情况选用单层单车普通罐笼。如提升量不能满足要求，可考虑选用箕斗，或者选用多层多车罐笼。单层双车罐笼比双罐笼上下进出车方便，提升停歇时间较少；缺点是占井筒断面大。

2. 副井提升容器类型的选择

副井均采用罐笼提升，罐笼的规格是根据矿井所用矿车的规格来确定。设计时，应尽量采用单层单车罐笼。在初选罐笼后，再按最大班工人下井时间和最大班净作业时间验算。算得的最大班总提升时间，以不超过6小时为合格；若超过了6小时，应考虑选用多车或多层罐笼。

二、提升容器的选择

在选定提升容器的类型后，按矿井年产量、井筒深度及矿井工作组织来确定提升容器规格时，应已知：矿石年产量、矿山工作制度、提升高度、矿车规格、矿石容重、松散系数、井底车场形式及箕斗的装卸方式等。

竖井提升容器有多绳提升容器与单绳提升容器之分。多绳提升与单绳提升在提升工作时间、不均衡系数、罐笼装卸载时间、每班升降人员时间、其他辅助提升次数及提升休止时间、经济提升速度等参数计算方面相同，但多绳提升的加、减速度需根据防滑计算确定，加速度一般取0.7~0.85m/s^2，减速度一般不大于0.75m/s^2。多绳提升的装卸载间歇时间与单绳提升略有差异，学生设计时可查阅相关设计手册。

（一）主井提升容器的选择

选择主井提升容器，按下述步骤计算：

（1）小时提升量

$$A_s = \frac{CA}{t_r t_s} \tag{6-1}$$

式中 A_s——小时提升量，t/h；

A——年提升量，t/a；

C——提升不均衡系数，箕斗提升时，取 $C=1.15$；罐笼提升时，取 $C=1.2$；

t_r——年工作日数，d/a，根据设计的工作制度确定的年工作日数；

t_s——日工作小时数，h/d。

t_s的选取规定：箕斗提升一种矿石时，取19.5h，提两种矿石时，取18h；罐笼作主井提升时，取18h；兼作主副提升时，取16.5h。混合井提升，有保护隔离措施时，按上面数据选取；若无保护隔离措施时，则箕斗与罐笼提升的时间均按单一竖井提升时减少1.5h考虑。

（2）提升速度

$$v = 0.3 \sim 0.5\sqrt{H'} \tag{6-2}$$

式中 v——提升速度，m/s；

H'——加权平均提升高度，m。

式（6-2）中系数0.3~0.5的选取应注意，当提升高度在200m以内时，取下限；600m以上时，取上限。箕斗提升时的取值比罐笼提升适当增大；

H'值根据该提升井所服务的各阶段矿量，采用加权平均法求出：

$$H' = \frac{H_1Q_1 + H_2Q_2 + \cdots + H_nQ_n}{Q_1 + Q_2 + \cdots + Q_n} \tag{6-3}$$

式中　H_1，Q_1——分别为第一阶段提升高度和阶段采出矿量；对于箕斗提升则为第一装矿点提升高度和该装矿点对应的提升矿量；

H_2，Q_2——分别为第二阶段提升高度和阶段采出矿量；对于箕斗提升则为第二装矿点提升高度和该装矿点对应的提升矿量。

依此类推。

除按式（6-2）计算提升速度外，《金属非金属矿山安全规程》（GB 16423—2006）对提升速度还有明确的规定：

1）竖井用罐笼升降人员时，最高速度 v_{max} 不应超过式（6-4）的计算值，同时不超过 12m/s。

$$v_{max} = 0.5\sqrt{H} \tag{6-4}$$

2）竖井升降物料时，最高速度 v_{max} 不应超过式（6-5）的计算值。

$$v_{max} = 0.6\sqrt{H} \tag{6-5}$$

式中　H——提升高度，m，箕斗提升时，$H = H_0 + h_1 + h_2$；罐笼提升时，$H' = H_0$；

H_0——矿井开采水平的深度，m；

h_1——地表卸载高度，根据地表矿仓高度确定，一般为 15~20m；

h_2——装载水平与开采水平高差，由设计确定，有色金属矿山取 20~30m；黑色金属矿山取 20~50m。

计算得到的提升速度，还需考虑所选择提升机的绳速。

（3）主井一次提升量

1）双容器提升

$$V' = \frac{A_s}{3600\gamma C_m}(K_1\sqrt{H'} + u + \theta) \tag{6-6}$$

2）单容器提升

$$V' = \frac{A_s}{1800\gamma C_m}(K_1\sqrt{H'} + u + \theta) \tag{6-7}$$

式中　V'——提升容器的容积，m^3；

u——箕斗在曲轨上减速与爬行的附加时间，u=10s，罐笼提升时，u=0；

C_m——装满系数，取 0.85~0.9；

γ——矿石松散密度，t/m^3；

θ——休止时间，箕斗提升时，按表 6-1 选取；罐笼提升时，按表 6-2 选取；罐笼升降人员时，按表 6-3 选取。

K_1——系数，按表 6-4 选取。

表 6-1 箕斗装载休止时间 θ 取值

箕斗容积/m^3	<3.1		3.1~5	≤8
漏斗类型	计量	不计量	计量	计量
装卸时间/s	8	18	10	14

表 6-2 罐笼进、出车休止时间 θ 取值

罐笼		推车方式				
		人工推车	推车机			
		矿车容积/m^3				
层数（层）	每层装车数/辆	≤0.75	≤0.75	≤0.75	1.2~1.6	2.0~2.5
		休止时间/s				
		单面	双面	双面	双面	双面
单层	1	30	15	15	18	20
双层	1	65	35	35	40	45
双（同时进车）	2	—	20	20	25	—

表 6-3 罐笼升降人员休止时间 θ 取值

罐笼	单面车场无人行绕道/s	双面车场时/s	附注
单层	$(n+10)\times1.5$	$n+10$	n— 一次乘罐人数
双层	$(n+25)\times1.5$	$n+25$	
双层（同时进车）	$(n+15)\times1.5$	$n+15$	

表 6-4 系数 K_1 取值

系数	提升速度/$m\cdot s^{-1}$				
	$v=0.3\sqrt{H'}$	$v=0.35\sqrt{H'}$	$v=0.4\sqrt{H'}$	$v=0.45\sqrt{H'}$	$v=0.5\sqrt{H'}$
K_1	3.73	3.327	3.03	2.82	2.665

3）确定提升容器的规格。根据式（6-6）或式（6-7）计算的一次提升量，查阅相关手册，选出标准箕斗或罐笼型号，然后根据式（6-8）计算一次有效提升量。

$$Q = C_m\gamma V \tag{6-8}$$

式中 Q——一次有效提升量，t；

V——提升容器的容积，m^3，罐笼提升时以矿车的容积计算。

说明：采用罐笼提升时，首先根据矿井运输所采用的矿车规格，选出罐笼型号，然后再根据所求得的一次合理提升量，确定出罐笼层数或每层应载矿车数。

4）计算一次循环时间

$$T' = \frac{3600Q}{A_s} \tag{6-9}$$

式中　T'——一次循环提升时间，s；

Q——一次有效提升量，t；

A_s——小时提升量，t/h。

（二）副井提升容器的选择

副井提升容器的小时提升量计算公式与主井相同。副井用来运送人员及提升材料、设备等，提升容器均应采用罐笼。罐笼规格主要根据矿井所选用的矿车规格来确定。选择罐笼应考虑的因素为：

（1）提升废石使用的矿车应与罐笼配套。其计算方法与主井罐笼提升的情况相同，只是在核算提升能力时，应按最大班提升量考虑。

（2）提升最大设备的外形尺寸和质量与罐笼相适应。

（3）最大班提升井下生产人员的时间不得超过45min，特殊情况可取60min。在初步选定罐笼后，应根据45min内将下井工人运送完毕的要求对其进行验算。

（4）设计时应尽量采用单层单车罐笼。如经计算不能满足要求时，则采用双层罐笼。对于提升任务较重，矿井深度较大的大型井筒，罐笼的选择还需根据最大作业班总提升时间不应超过6小时的要求进行验算；若其总时间超过6小时，则应考虑选用多层多车罐笼。

（三）平衡锤选择

采用单容器提升时，需采用平衡锤，其平衡锤的质量按表6-5选取。

表6-5　平衡锤质量计算

提升类别		平衡锤质量
专提升人员		罐笼质量+1/2乘罐人员的总质量
提升人员及货物	（1）以提升人员为主 （2）以提升货物为主	罐笼质量+乘罐人员的总质量 罐笼质量+1/2有效装载量+矿车质量 箕斗质量+1/2有效装载量
专提升货物		罐笼质量+1/2有效装载量+矿车质量 箕斗质量+1/2有效装载量

三、提升钢丝绳选择

提升钢丝绳的选择必须严格遵守《金属非金属矿山安全规程》（GB 16423—

2006）的规定，表 6-6 列出了该规程所规定的不同使用条件下的提升钢丝绳安全系数。

表 6-6 提升钢丝绳安全系数

使用条件			安全系数
单绳式提升	专作升降人员用		≥9
	升降人员和物料混用	升降人员时	≥9
		升降物料时	≥7.5
	专作升降物料用		≥6.5
多绳摩擦提升	升降人员用		≥8
	升降人员和物料混用	升降人员时	≥8
		升降物料时	≥7.5
	升降物料用		≥7
	作罐道或防撞绳用		≥6

（一）单绳提升钢丝绳选择

单绳提升时，钢丝绳的选择按以下方法进行

（1）计算钢丝绳的每米质量

$$P' \geqslant \frac{Q_d}{11\frac{\sigma}{m} - H_0} \tag{6-10}$$

式中 P'——钢丝绳每米长度的质量，kg/m；

Q_d——钢丝绳绳端悬挂质量，kg；

σ——钢丝绳钢丝的极限抗拉强度，MPa，可查阅五金手册；

H_0——钢丝绳最大悬垂长度，m；

m——钢丝绳安全系数，按表 6-6 选取。

箕斗提升时：$Q_d = Q + Q_j$，$H_0 = H + H_s + H_j$

罐笼提升时：$Q_d = Q + Q_g + Q_k$，$H_0 = H + H_j$

式中 Q——提升容器有效载质量，kg；

Q_j——箕斗质量（包括连接装置），kg；

Q_g——罐笼质量（包括连接装置），kg；

Q_k——矿车质量，kg；

H——矿井深度（提升高度），m；

H_j——井架高度，m，井架高度未确定时，罐笼提升，可按 15~25m 取值；箕斗提升，可按 30~35m 取值。

H_s——箕斗井下装载高度，设计未确定时，可按 20~30m 取值。

（2）验算钢丝绳安全系数

按式（6-10）计算出每米钢丝绳单重 P'后，从五金手册的标准钢丝绳规格表中选取与 P'相近的标准钢丝绳，查出其直径 d，每米质量 P 及所有钢丝绳破断力之和 Q_p，再通过式（6-11）验算安全系数是否满足要求。

$$m' = \frac{Q_p}{(Q_d + PH_0)g} \geqslant m \tag{6-11}$$

式中　m'——所选钢丝绳实际安全系数，需符合表 6-1 的规定；

Q_p——钢丝绳的钢丝破断力总和，N；

g——重力加速度，m/s^2。

（二）多绳提升钢丝绳选择

（1）计算首绳的每米质量

$$P' = \frac{Q_d}{n\left(11\dfrac{\sigma}{m} - H_0\right)} \tag{6-12}$$

式中　n——首绳根数，尽量取偶数；

P'——单根首绳每米长度的重量，kg/m。

（2）验算首绳安全系数。按式（6-11）计算出单根首绳的单重 P' 后，从五金手册的标准钢丝绳规格表中选取与 P' 相近的标准钢丝绳，查出其直径 d，每米质量 P 及所有钢丝绳破断力之和 Q_p，再通过式（6-13）验算安全系数是否满足要求。

$$m' = \frac{nQ_p}{(Q_d + nPH_0)g} \geqslant m \tag{6-13}$$

（3）尾绳选择计算。尾绳一般采用不旋转镀锌圆股钢丝绳或扁钢丝绳，并不少于 2 根。原则上，单根尾绳的长度与单根首绳的长度大致相等，而全部尾绳的质量与全部首绳的质量相等。

若尾绳的根数为 n'，则每根尾绳的每米质量为：

$$q = \frac{n}{n'}P \tag{6-14}$$

四、天轮选择

天轮按结构不同，分为铸造辐条式天轮、型钢装配式天轮两种。天轮直径一般取等于卷筒直径。

根据《金属非金属矿山安全规程》的规定，提升装置的天轮、卷筒、主导轮和导向轮的最小直径与钢丝绳直径的关系见表 6-7；与钢丝绳最粗钢丝的最大直径关系见表6-8。依据表6-7和表6-8，计算出天轮直径后，可查阅相关手册选择合适的天轮。

表6-7 天轮、卷筒、主导轮和导向轮的最小直径与钢丝绳直径的关系

安装地点或用途		与钢丝绳直径的关系
摩擦轮式提升装置的主导轮	有导向轮	≥100
	无导向轮	≥80
落地安装的摩擦轮式提升装置的主导轮和天轮		≥100
地面单绳提升		≥80
井下单绳提升或凿井单绳提升		≥60
悬挂吊盘、吊泵、管道等		≥20
废石场提升		50

表6-8 天轮、卷筒、主导轮和导向轮的最小直径与钢丝绳钢丝最大直径的关系

安装地点或用途	与钢丝绳钢丝最大直径的关系
地面提升装置	≥1200
井下或凿井用提升装置	≥900
凿井期间升降物料的绞车或悬挂水泵、吊盘用的提升装置	≥300

五、提升机选择计算

（一）缠绕式提升机主要尺寸的确定

1. 卷筒直径的确定

与天轮直径的确定相同，可参考表6-7、表6-8。。

2. 卷筒宽度的确定

（1）双卷筒提升机每个卷筒宽度的确定

1）一层缠绕时

$$B = \left(\frac{H + L_s}{\pi D_j} + n_m\right)(d_s + \varepsilon) \tag{6-15}$$

2）多层缠绕时

$$B = \left(\frac{H + L_s + (n_m + 4)\pi D_j}{n'\pi D_p}\right)(d_s + \varepsilon) \tag{6-16}$$

（2）单卷筒作双端提升时的卷筒宽度

$$B = \left(\frac{H + 2L_s}{\pi D_p} + 2n_m + n_j\right)(d_s + \varepsilon) \tag{6-17}$$

式中 B——卷筒宽度，mm；

L_s——钢丝绳试验长度，一般取20~30m；

D_j——卷筒直径，m；

D_p——多层缠绕时卷筒的平均直径，m，可用 $D_p = D_j + (n' - 1)d_s$ 估算；

n'——卷筒上缠绕的钢丝绳层数，严格按《金属非金属矿山安全规程》（GB 16423—2006）中的规定执行；

n_m——留在卷筒上的钢丝绳摩擦圈数，取3；

n_j——两提升绳之间的间隔圈数，取2；

4——钢丝绳临界段每季度串动0.25绳圈所需的备用圈数；

d_s——钢丝绳直径，mm；

ε——钢丝绳间的间隙，取2~3mm。

3. 提升机最大静张力及最大静张力差的验算

根据计算出的提升机卷筒宽度 B 与卷筒直径 D，选择标准提升机，并根据式（6-18）和式（6-19）验算所选提升机的最大静拉力与最大静拉力差是否满足要求。

（1）最大静张力 F_c

$$F_c = (Q + Q_r + P_s H_0)g \tag{6-18}$$

（2）最大静张力差 F_j

$$\left.\begin{aligned} &\text{双容器时：} & F_j &= (Q + P_s H)g \\ &\text{单容器带平衡锤时：} & F_j &= (Q + Q_r + P_s H - Q_c)g \end{aligned}\right\} \tag{6-19}$$

式中　Q——一次提升量（容器载重），kg；

Q_r——提升容器质量，kg；

P_s——钢丝绳每米长度质量，kg/m；

H_0——钢丝绳悬吊长度，m；

H——提升高度，m；

Q_c——平衡锤质量，kg；

g——重力加速度，m/s^2。

如果验算后不能满足要求时，则需重新选择较大规格的提升机。

（二）摩擦式提升机主要尺寸的确定

1. 确定主导轮直径 D

多绳摩擦式提升机的主要尺寸是它的主导轮直径 D，可根据表6-7和表6-8确定。

2. 主导轮的最大静拉力与最大静拉力差计算

根据计算出的 D 值，选取标准提升机，并验算主导轮的最大静拉力与最大静拉力差是否满足要求。

（1）钢丝绳作用在主导轮上的最大静拉力

$$S_1 = m_1 g \tag{6-20}$$

（2）钢丝绳作用在主导轮上的最大静拉力差

$$S_c = S_1 - S_2 = (m_1 - m_2)g \tag{6-21}$$

式中 S_1——钢丝绳作用在主导轮上的最大静拉力，N；

S_2——钢丝绳作用在主导轮上的最小静拉力，N；

S_c——钢丝绳作用在主导轮上的最大静拉力差，N。

（3）主导轮重载侧和空载侧质量，见表 6-9。

表 6-9 主导轮重载侧和空载侧质量计算

质量名称	单罐笼提升		双罐笼提升		单箕斗提升		双箕斗提升	
	重载侧	空载侧	重载侧	空载侧	重载侧	空载侧	重载侧	空载侧
一侧钢丝绳	npH_0	$n'pH_0$	npH_0	$n'pH_0$	npH_0	$n'pH_0$	npH_0	$n'pH_0$
罐笼	Q_G		Q_G	Q_G				
矿车	Q_K		Q_K	Q_K				
罐笼					Q_j		Q_j	Q_j
有效装载量	Q		Q		Q		Q	
平衡锤		Q_c				Q_c		
一侧钢丝绳总质量	m_1	m_2	m_1	m_2	m_1	m_2	m_1	m_2

3. 防滑计算

（1）摩擦衬垫允许比压

$$q_0 = \frac{S_1 + S_2}{nD_j d_s} \leqslant [q] \tag{6-22}$$

式中 S_1——钢丝绳紧边（上升时）静拉力，MN；

S_2——钢丝绳松边（下放时）静拉力，MN；

$[q]$——许用衬垫比压，由制造厂家给出，一般为 1.4~2.0MPa；

D_j——主导轮直径，m；

d_s——钢丝绳直径，m；

q_0——摩擦衬垫允许比压，MPa。

（2）防滑系数

对于摩擦轮提升设备，必须满足钢丝绳沿主导轮不得发生滑动的条件：

$$\frac{S_{max}}{S_{min}} \leqslant e^{\mu\alpha} \tag{6-23}$$

式中 S_{max}——围包主导轮的一侧钢丝绳的最大拉力，N；

S_{min}——围包主导轮的一侧钢丝绳的最小拉力，N；

e——自然对数的底，e=2.71828；

μ——钢丝绳和主导轮衬垫的摩擦系数，不超过制造厂所提供的容许值；

α——钢丝绳围包主导轮的角度（rad），《金属非金属矿山安全规程》（GB 16423—2006）规定主导轮上钢丝绳围包角应不大于200°。

《金属非金属矿山安全规程》（GB 16423—2006）规定，多绳摩擦提升系统，静防滑安全系数应大于1.75；动防滑安全系数应大于1.25；重载侧和空载侧的静张力比应小于1.5。应按此验算是否符合规定。

六、电动机选择

矿井提升机的电力拖动装置分交流电动机和直流电动机两种。原则上，采用何种拖动方式，应进行多方案的技术经济比较。

采矿学生进行毕业设计时，可只概算电动机的功率。

（1）单绳缠绕式提升电动机概算功率

$$N' = \frac{KF_j v}{1000\eta a}\rho \tag{6-24}$$

式中　N'——预选电动机功率，kW；

K——井筒阻力系数，刚性罐道时，罐笼取1.2，箕斗取1.15；钢丝绳罐道时，均取1.1；

ρ——动力系数，罐笼提升取1.3~1.4；箕斗提升取1.2~1.3；

α——速度系数，罐笼提升取1.2~1.25；翻转式箕斗提升取1.15~1.3；

η——减速机传动效率，一级传动（$i \leqslant 11.5$）取0.9；二级传动（$i > 11.5$）取0.85。

（2）多绳摩擦提升电动机概算功率

$$N' = \frac{K(S_1 - S_2)v}{1000\eta}\rho \tag{6-25}$$

式中　K——提升阻力系数，$K = 1.1 \sim 1.2$；

ρ——动力系数，自然通风电机取1.1~1.2；强制通风电机取1.05~1.10；

η——减速机传动效率，对于滑动轴承减速机取0.85；对于滚动轴承减速机取0.93。

七、提升机与井筒相对位置的确定

提升机与井筒相对位置与下列因素有关：井架高度，提升机轴线与井筒中心线的距离，钢丝绳弦长，偏角和仰角。

（一）竖井缠绕式提升机与井筒相对位置的确定

竖井缠绕式提升机安装地点的选择，主要根据矿井地面工业广场的整体布置、井筒四周地形条件，考虑卸载作业的方便和尽可能简化地面运输系统。一般双筒提升机用于罐笼提升时，提升机房位于重车运行方向的对侧；用于箕斗提升时，提升机房位于卸载方向的对侧。

1. 确定井架高度（天轮安装高度）

(1) 两天轮位于同一水平轴线上（见图 6-1）

罐笼提升时：

$$h_{ja} = h_r + h_{gj} + \frac{1}{4}D_t \tag{6-26}$$

箕斗提升时：

$$h_{ja} = h_x + h_r + h_{gj} + \frac{1}{4}D_t \tag{6-27}$$

式中 h_{ja}——井口水平到最上面天轮轴线间的垂直距离，m；

h_x——箕斗卸矿高度，一般为 15~25m；

h_r——提升容器全高（容器底部至连接装置最上面一个绳卡间的距离），m；

h_{gj}——过卷高度（容器由正常卸载位置提到连接装置上面一个绳卡与天轮轮缘接触时所走的距离），当提升速度 $v_m<3m/s$ 时，$h_{gj}\geqslant 4m$；当 $v_m<6m/s$ 时，$h_{gj}\geqslant 6m$；当 $v_m>6m/s$ 时，h_{gj} 不小于提升速度值；当 $v_m>10m/s$ 时，$h_{gj}\geqslant 10m$；

D_t——天轮直径，m。

(2) 两天轮位于同一垂直面上（见图 6-2）

罐笼提升时：

$$h_{ja} = h_r + h_{gj} + \frac{1}{4}D_t + h_{jt} \tag{6-28}$$

箕斗提升时：

$$h_{ja} = h_x + h_r + h_{gj} + \frac{1}{4}D_t + h_{jt} \tag{6-29}$$

式中 h_{jt}——两天轮中线的垂直距离，$h_{jt} = D_t + (0.5 \sim 1.5)$，m。

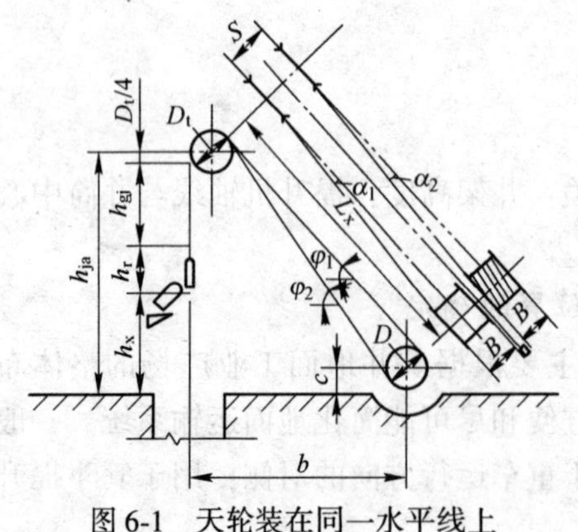

图 6-1 天轮装在同一水平线上

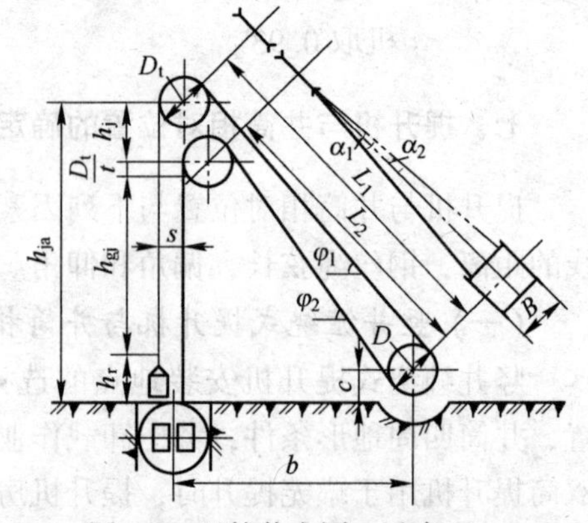

图 6-2 天轮装在同一垂直面上

（3）两天轮位于同一平面但不同水平轴线上（见图 6-3）

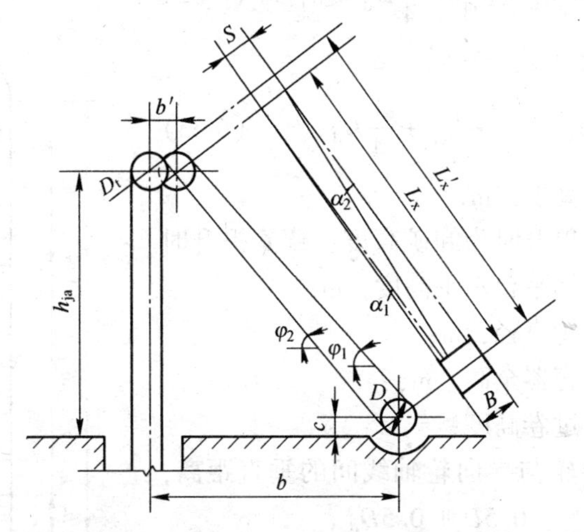

图 6-3 天轮装在同一水平面但不同水平轴线上

井架高度计算公式与第一种情况相同。

2. 确定卷筒中心至井筒提升中心线间的水平距离 b

卷筒中心至井筒提升中心线间水平距离 b 的大小主要应使提升机房的基础不与井架斜撑的基础相接触。其最小距离应满足下面公式要求：

$$b_{min} \geqslant 0.6h_{ja} + 3.5 + D_j \tag{6-30}$$

式中 D_j——卷筒直径，m。

一般情况下，设计时取 $b \geqslant b_{min}$，一般为 20～40m。

3. 计算钢丝绳弦长

钢丝绳弦长为钢丝绳离开天轮的接触点到钢丝绳与卷筒的接触点间的距离。图 6-1～图 6-3 中标出的 L 为天轮轴线与卷筒轴线间的距离。

钢丝绳弦长有两个，上面出绳的弦长 L_{x1} 和下面出绳的弦长 L_{x2}。毕业设计时可采用下式近似计算：

$$L_x \geqslant \sqrt{(h_{jc} - c)^2 + \left(b - \frac{D_t}{2}\right)^2} \tag{6-31}$$

式中 c——卷筒轴中心高出井口水平的距离；

D_t——天轮直径，m；

b——卷筒中心至井筒提升中线间的水平距离，m。

（二）多绳摩擦式（塔式）提升机与井筒相对位置的确定

塔式提升机的井塔高度是指从井口水平到主导轮轴线间的垂直距离，取决提升方式和提升容器的卸载位置。可按下式计算：

（1）有导向轮（α>π）时（见图 6-4）

$$h_{ta}=h_x+h_r+h_{gj}+\frac{1}{4}D_d+h_j \qquad (6\text{-}32)$$

（2）无导向轮（$\alpha=\pi$）时

$$h_{ta}=h_x+h_r+h_{gj}+\frac{1}{4}D_d \qquad (6\text{-}33)$$

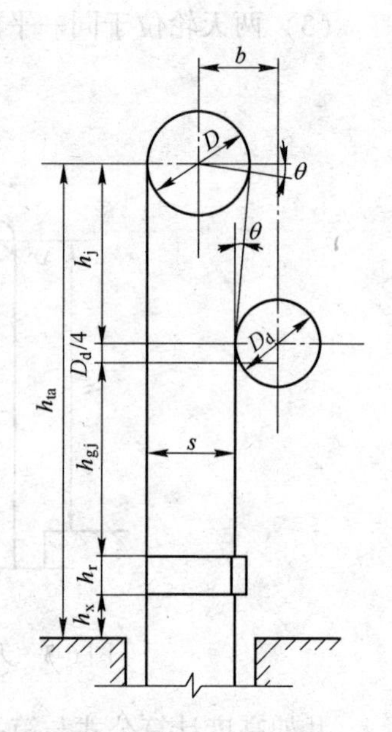

图 6-4 井塔高度计算

式中 h_{ta}——井塔高度，m；

h_x——箕斗提升时为卸矿高度；罐笼提升时为装卸平台水平高度，m；

D_d——导向轮直径，m；

h_r——提升容器全高，m；

h_{gj}——自由过卷高度；

h_j——主导轮与导向轮轴线间的垂直距离，m，$h_j \geqslant \dfrac{0.5D+0.5D_d}{\sin\theta}-b\cos\theta$；

b——主导轮与导向轮水平中心距离，m，$b=s-0.5D+0.5D_d$；

θ——主导轮与导向轮间的钢丝绳与垂直线的夹角，$\theta=\alpha-\pi$。

八、提升钢丝绳偏角

钢丝绳内、外偏角可按表 6-10 中公式进行计算。

表 6-10 钢丝绳偏角计算公式

提升类别	外偏角 α_1	内偏角 α_2
双筒提升单层缠绕	$\tan\alpha_1=\dfrac{B-\dfrac{s-\alpha}{2}-n_m(d_s+\varepsilon)}{L_x}$	$\tan\alpha_2=\dfrac{\dfrac{s-a}{2}-B+\left(\dfrac{H+30}{\pi D_j}+3\right)(d_s+\varepsilon)}{L_x}$
双筒提升多层缠绕	$\tan\alpha_1=\dfrac{B-\dfrac{s-a}{2}}{L_x}$	$\tan\alpha_2=\dfrac{\dfrac{s-a}{2}}{L_x}$

注：s 为两天轮之间的距离，m；a 为两卷筒内缘之间的距离，m；d_s为钢绳直径，m；ε 为钢丝绳两圈间的间隙，m；L_x为钢丝绳弦长，m；其他符号意义同前。

根据《金属非金属矿山安全规程》（GB 16423—2006）规定：天轮到提升机卷筒的钢丝绳最大偏角不得超过 1°30′。

九、计算提升机钢丝绳仰角

根据JK型系列矿井提升机制造厂的要求，单、双筒提升机的下出绳允许最小出绳角为15°，上出绳允许最小出绳角是0°。考虑到井架斜撑建筑物结构要求，一般出绳角取30°~50°。仰角有两个，即上出绳角φ_1及下出绳角φ_2，其计算公式见表6-11。

表6-11　提升机钢丝绳仰角计算公式

天轮布置形式	天轮直径与卷筒直径的关系	计　算　公　式
（图：H_j、φ_1、φ_2、c、b）	$D_t = D_j = 2R$	$\varphi_1 = \tan^{-1}\dfrac{H_j - C}{b - R} + \sin^{-1}\dfrac{D_t}{L_x}$ $\varphi_2 = \tan^{-1}\dfrac{H_j - C}{b - R}$
（图：h、H_j、φ_1、φ_2、c、b）	$D_t = D_j$	$\varphi_1 = \tan^{-1}\dfrac{H_j - C}{b - R} + \sin^{-1}\dfrac{D_t}{L_x}$ $\varphi_2 = \tan^{-1}\dfrac{H_j + h - C}{b - R}$
（图：H_j、φ_1、φ_2、c、b）	$D_t < D_j$	$\varphi_1 = \tan^{-1}\dfrac{H_j - C}{b - R_t} + \sin^{-1}\dfrac{R_t + R_j}{L_x}$ $\varphi_2 = \tan^{-1}\dfrac{H_j - C}{b - R_t} - \sin^{-1}\dfrac{R_t + R_j}{L_{xt}}$

续表 6-11

天轮布置形式	天轮直径与卷筒直径的关系	计算公式
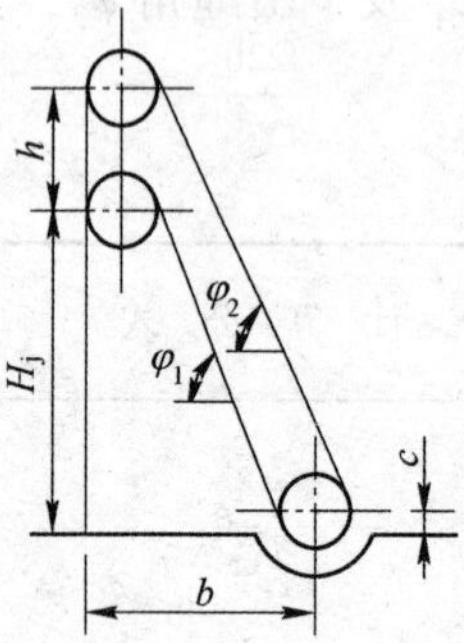	$D_t < D_j$	$\varphi_1 = \tan^{-1}\dfrac{H_j - C}{b - R_t} + \sin^{-1}\dfrac{R_t + R_j}{L_x}$ $\varphi_2 = \tan^{-1}\dfrac{H_j + h - C}{b - R_t} - \sin^{-1}\dfrac{R_j + R_t}{\sqrt{(b - R_j)^2 + (H_j + h - C)^2}}$

注：R_t 为天轮半径；R_j 为卷筒半径。

十、井筒装备的选择与计算

井筒装备包括：罐道、罐道梁、梯子间、管路、电缆、井口和井底金属支撑结构、托管梁、电缆支架和过卷装置等。其中罐道和罐道梁是井筒装备的主要组成部分。

（一）罐道的选择

按罐道的结构型式，罐道分为刚性罐道和柔性罐道（钢丝绳罐道）两种。

1. 刚性罐道

刚性罐道由罐道和罐道梁组成，沿井筒全深设置。常用刚性罐道有木罐道、钢轨罐道、型钢组合罐道和空心方钢罐道等。

刚性罐道的选择必须根据其受力进行计算确定，计算过程较为复杂。学生可参阅《采矿设计手册·井巷工程卷》p22~30 的相关内容。

（1）罐道梁的选择。目前，罐道梁基本采用金属罐道梁。常用型钢有工字钢和槽钢，有时也采用型钢组合材料，如槽钢与槽钢组合、角钢组合等。

罐道梁分主梁、次梁和边梁，靠近井筒中心两提升容器间的梁称为主梁，次梁为靠近梯子间的梁，边梁为靠近井筒另一边的梁。一般情况下，除梯子间平台梁多用槽钢外，其余的主梁、次梁和边梁均采用工字钢。

表 6-12 列出了不同提升终端载荷下常见罐道梁的规格型号。在提升终端载荷相近的情况下，学生可以在毕业设计时参考。

表 6-12　常见罐道梁规格型号

井筒净直径/m	提升设备	罐道型号				
		双侧罐道			单侧罐道	
		主梁	次梁	边梁	主梁	次梁
4.0	1t 矿车罐笼　单层单车 无梯子间　双层双车	I20b I20b	—	I18 I20b	I20b I22b	—
5.0	1t 矿车罐笼　单层单车 有梯子间　双层双车	I20b I22b、I24b	I20b I22b、I24b	I18 I20b	I20b I22b、I24b	I22a 或 I20a
6.0	2t 矿车罐笼　单层单车 无梯子间	I24b	I24b	I22b	I24b	I22a 或 I20a
6.5	3t 矿车罐笼　单层单车 有梯子间　双层单车	I24b、I25b I27b I27b、I28b I30a	I24b、I25b I27b I27b、I28b I30a	I22b I22b、I24b	I25b I28b、I30b	I22a

（2）罐道梁层距及其长度确定。适当加大罐道梁层距会降低井筒装备的投资额，但加大层距必须满足刚性罐道的强度与挠度的要求：

1）在终端载荷不超过 300kN、提升速度不超过 14m/s、提升容器采用滚动罐耳、型钢组合罐道或空心方形罐道时，罐道梁的层距可到 6m，但木罐道的层距不宜超过 3m；

2）当提升速度小于 6m、终端载荷小于 30kN 时，除木罐道外的其他罐道和罐耳，罐道梁的层距均可采用 6~6.252m；

3）一般情况下，钢罐道的罐道梁层间距采用 4m 或 4.168m，木罐道的罐道梁层间距采用 2m。

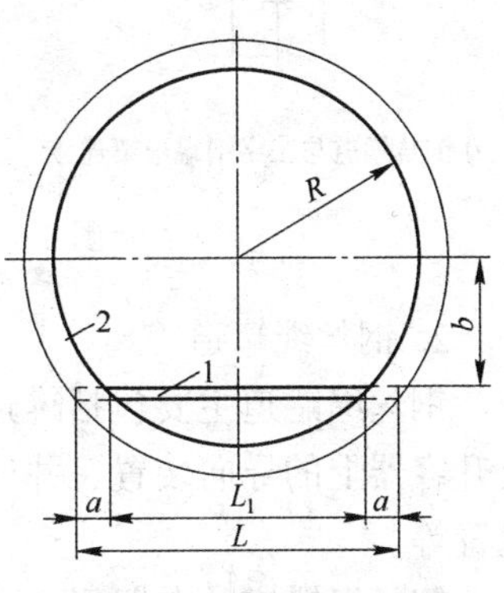

图 6-5　罐道梁长度计算简图

1—罐道梁；2—井壁

如图 6-5 所示，罐道梁的长度按下式计算：

$$L = 2(\sqrt{R^2 - b^2} + a) \tag{6-34}$$

式中　L——罐道梁的长度，mm；

a——罐道梁埋入井壁内的长度，为井壁厚度的 2/3，且不小于罐道梁的高度，一般为 300~500mm；

b——井筒中心至罐道梁内边缘（槽钢）或罐道梁中轴线（工字钢）的垂直距离，mm；

R——井筒净半径，mm。

当罐道梁采用锚杆支撑托架安装时，罐道梁的长度可根据式（6-34）计算出的罐道梁长度，减去 $2a$ 长度。

（3）刚性罐道与罐道梁的连接

刚性罐道与罐道梁连接关系参阅图 6-6。刚性罐道的接头位置一般位于罐道梁高度的中央部位。

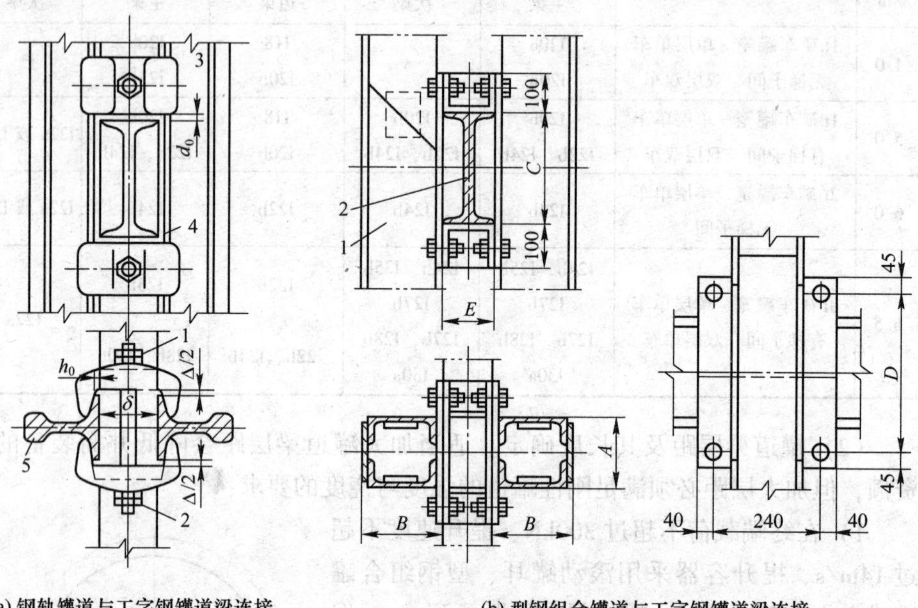

图 6-6 刚性罐道与罐道梁的连接示意图

2. 钢丝绳罐道

钢丝绳罐道主要包括罐道钢丝绳、防撞钢丝绳、罐道绳的固定和拉紧装置、提升容器上的导向装置、井口和井底进出车水平的刚性罐道以及中间水平的稳罐装置等。

钢丝绳罐道的布置形式一般有对角（2 根绳）、三角（3 根绳）、四角和单侧（4 根绳）、双侧（6 根绳）等几种。

（1）对钢丝绳罐道的相关规定。《金属非金属矿山安全规程》（GB 16423—2006）对钢丝绳罐道规定如下：

1）钢丝绳罐道应优先选用密封式钢丝绳。每根罐道绳的最小刚性系数应不小于 500N/m。各罐道绳张紧力应相差 5%～10%，内侧张紧力大，外侧张紧力小。

2）罐道钢丝绳的直径应不小于 28mm，防撞钢丝绳的直径应不小于 40mm；

3）容器与容器之间的最小间隙不小于 450mm，设防撞绳时，容器之间最小间隙为 200mm；容器与井壁之间不小于 350mm；容器与井梁之间不小于 350mm；凿井时，两个提升容器的钢丝绳罐道之间的间隙，应不小于 250+H/3mm（H 为以米为单位的井筒深度数值)，且应不小于300mm。

4）井底应设罐道钢丝绳的定位装置。拉紧重锤的最低位置到井底水窝最高水面的距离，应不小于1.5m。井底设粉矿仓时，穿过粉矿仓底的罐道钢丝绳，应用隔离套筒予以保护。

5）罐道钢丝绳应有20~30m备用长度；罐道的固定装置和拉紧装置应定期检查，及时串动和转动罐道钢丝绳。

6）罐道钢丝绳和防撞绳的安全系数不小于6。

(2）罐道钢丝绳的选择计算

1）每米钢丝绳质量

$$q_s = \frac{Q_s}{L_0 - L} \tag{6-35}$$

2）安全系数

$$m = \frac{Q_p}{Q_s + q_s L} \geqslant 6 \tag{6-36}$$

3）每根罐道钢丝绳的刚性系数

$$K_s = \frac{4q_s}{\ln(1 + a)} \geqslant 500 \tag{6-37}$$

4）每根钢丝绳罐道的下端拉紧力

$$Q_s = \frac{K_s}{4}(L_0 - L)\ln\frac{L_0}{L_0 - L} \tag{6-38}$$

式中 q_s——每米罐道钢丝绳的重力，N/m；

Q_s——罐道绳下端的拉紧力，N；

L_0——罐道绳的极限悬垂长度，m，$L_0 = \dfrac{\sigma}{m\gamma g}$；

σ——罐道钢丝绳的抗拉强度，Pa；

γ——罐道钢丝绳的假定密度，平均取9000kg/m^3；

L——罐道绳的悬垂长度，m；

m——安全系数；

Q_p——罐道绳全部钢丝破断力总和，N；

Q_s——每根罐道绳下端的拉紧力，N；

K_s——每根罐道钢丝绳的刚性系数；

a——罐道钢丝绳的重力与拉紧力之比，$a = \dfrac{q_s L}{Q_s}$。

(二）提升容器与罐道梁的井壁之间间隙的确定

见第五章第二节竖井断面设计部分。

（三）管缆间布置

1. 管路及其布置

井筒中的管路设施包括排水管、压风管、供水管、排泥管及充填管等，管路布置应考虑便于安装、检修和更换。在设有梯子间的井筒中，管路应尽量布置在梯子间主梁上，两管路间、管路与井壁之间以及管路与容器之间要留有足够的安全间隙，并有增加新管路的备用空间。

2. 电缆布置与敷设

井筒内的电缆一般都敷设在电缆支架上，电缆布置应考虑进线、出线简单，安装检修方便。动力电缆与信号、通信电缆最好分别布置在梯子间两侧；如需布置在同一侧时，两者间距要大于700mm。

《金属非金属矿山安全规程》（GB 16423—2006）对竖井中的电缆敷设规定如下：竖井内电缆悬挂点的间距应不超过6m；敷设电缆的夹子卡箍或其他夹持装置，应能承受电缆重量，且应不损坏电缆的外皮；高、低压电力电缆之间的净距应不小于100mm；高压电缆之间、低压电缆之间的净距应不小于50mm，并应不小于电缆外径。

（四）梯子间结构及布置

梯子间作为紧急情况下矿井的安全出口，也用于检修井筒装备和处理卡罐事故。梯子间由梯子、梯子平台和梯子间隔离壁网组成，如图6-7所示。

《金属非金属矿山安全规程》（GB 16423—2006）规定竖井梯子间的设置，应符合下列条件：

（1）梯子的倾角，不大于80°；

（2）上下相邻两个梯子平台的垂直距离，不大于8m；

（3）上下相邻平台的梯子孔错开布置，平台梯子孔的长和宽，分别不小于0.7m和0.6m；

（4）梯子上端高出平台1m，下端距井壁不小于0.6m；

（5）梯子宽度不小于0.4m，梯蹬间距不大于0.3m；

（6）梯子间与提升间应完全隔开。

梯子间布置应与管路、电缆一并考虑，尽量相互靠近，以方便检修管路和电缆。

十一、竖井提升计算

竖井提升计算包括了提升速度图和力图计算两部分内容。速度图计算用于确定一次提升循环时间，校核提升能力；提升力图用于确定各提升阶段作用在滚筒上的力，以计算电动机功率、选择电控设备和计算电能消耗。

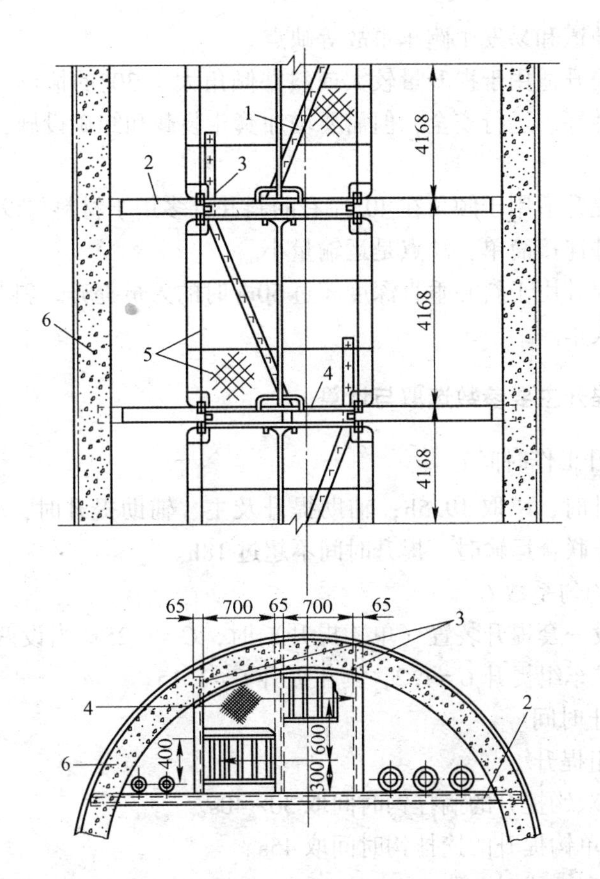

图 6-7　金属梯子间

1—金属梯子；2—梯子梁；3—梯子小梁；4—金属平台；5—金属护网；6—混凝土井壁

(1) 单绳提升速度图计算，参见采矿设计手册第 4 卷 p393~401。

(2) 多绳提升速度图计算，参见采矿设计手册第 4 卷 p465~471。

第三节　斜 井 提 升

一、斜井提升方式及适用范围

斜井提升按提升容器可分为矿车组提升、箕斗提升、台车提升和人员提升等。

斜井矿车组提升适用于倾角 25°以下的斜井，最大不超过 30°；矿车组提升使用的矿车一般为 0.5~1.2m³。矿车组提升斜井基建工程量小、投资省、转载设备少、系统环节少，但斜井矿车组提升也存在提升速度低、提升量小、劳动生产率低、矿车易掉道和易发生跑车事故等缺点。

斜井箕斗提升适用于提升量较大或斜井倾角大于30°的情形。箕斗提升运行速度高、稳定性好、运行安全，但需要增加箕斗装载和卸矿设施，增加了运输环节和工程量。

斜井台车提升适用于倾角在40°左右的斜井，多用于材料与设备的辅助提升。阶段车场和斜井连接简单，缺点是运输量小。

斜井人员提升用于斜井垂直深度超过50m时的人员提升。斜井人员运输，必须采用专门的人车。

二、斜井提升主要参数选取与计算

1. 每天提升工作时间 t_s

主斜井提升时，t_s 取 19.5h；辅助提升及主、辅助提升时，t_s 取 16.5h；箕斗与机车或汽车联合运输时，提升时间不超过 18h。

2. 提升不均匀系数 C

斜井井筒设一套提升装置（单钩提升）时，$C=1.25$；当设两套提升装置做双钩提升时，矿车组提升 $C=1.2$，箕斗提升 $C=1.15$。

3. 提升休止时间

（1）矿车组提升

1）矿车组双钩提升的摘挂钩时间取30~40s。

2）矿车组单钩提升的摘挂钩时间取45s。

3）采用甩车方式时，取5s。

（2）箕斗提升

1）双箕斗提升。当采用计量矿仓向箕斗装矿时，装、卸矿的休止时间取决于箕斗容积，可根据表6-13选取；当采用漏斗时，装、卸矿的休止时间根据不同车辆的卸矿时间确定，一般向箕斗装一车矿石的休止时间取40~60s；装两车矿石时，若两辆车移位卸载，需增加5~8s的调车时间，若两辆车顺序卸载，则增加60s。

表6-13 双箕斗提升用计量矿仓向箕斗装载时的提升休止时间

箕斗容积/m^3	<3.5	4~5	6~8	10~15	>18
休止时间/s	8~10	12	15	20	>25

2）单箕斗提升。装矿和卸矿的休止时间分别计算，其中装矿时间按双箕斗的休止时间选取，卸矿为10s。

（3）台车提升休止时间。在台车提升中置换矿车的休止时间见表6-14。

表 6-14 台车提升休止时间

<table>
<tr><th rowspan="3">矿车容积/m³</th><th colspan="4">休止时间/s</th></tr>
<tr><th colspan="2">单层台车</th><th colspan="2">双层台车</th></tr>
<tr><th>单面车场</th><th>双面车场</th><th>单面车场</th><th>双面车场</th></tr>
<tr><td>≤0.75</td><td>40</td><td>25~30</td><td>85</td><td>55~65</td></tr>
<tr><td>1.2</td><td>—</td><td>30</td><td>—</td><td>65</td></tr>
</table>

（4）其他辅助作业时间

1）人员上下车时间。乘车人员从单侧上下车时，为50~60s；从两侧上下车时，为25~30s。

2）置换材料车的休止时间。在台车提升中，置换材料车的休止时间：单面车场取80s，双面车场取40s；矿车提升中，材料车的摘挂钩时间：单钩提升取80~90s，双钩提升取60s。

3）运送爆破器材的休止时间。运送爆破器材的休止时间取120s。

4）每班人员升降时间及其他提升时间。最大班井下工作人员下井时间一般不超过60min，每班升降人员的时间按最大班井下工作人员下井时间的1.5~1.8倍计算；升降废石、坑木和其他物品的提升次数和时间与竖井相同。

4. 最大提升速度

斜井最大提升速度见表6-15。

表 6-15 斜井最大提升速度

<table>
<tr><th rowspan="2">提 升 项 目</th><th colspan="2">最大提升速度/m·s⁻¹</th></tr>
<tr><th>斜长≤300m</th><th>斜长>300m</th></tr>
<tr><td>运输人员</td><td>3.5</td><td>5</td></tr>
<tr><td>用矿车、台车运输物料</td><td>3.5</td><td>5</td></tr>
<tr><td>箕斗运输物料</td><td>5</td><td>7</td></tr>
</table>

5. 斜井提升的加、减速度

斜井提升加减速度见表6-16。

表 6-16 斜井提升加减速度

提 升 项 目	提升加减速度/m·s⁻²
运输人员	≤0.5
用矿车、台车提升	≤0.5
箕斗提升	≤0.75

特殊情况下的加减速度计算参见采矿设计手册第4卷P267~P269。

6. 阻力系数

斜井提升时的阻力系数有提升容器的运行阻力系数和钢丝绳移动时的摩擦阻力系数两种，其取值见表6-17。

表6-17 斜井提升阻力系数及其取值

阻力系数				备注
类别	作用方式		取值范围	
提升容器运行阻力系数 f_1	矿车组提升	矿车为滚动轴承	0.01	装载量大时取小值，反之取大值
		矿车为滑动轴承	0.012~0.015	
	箕斗或台车提升	箕斗或台车为滚动轴承	0.01~0.015	
钢丝绳移动的摩擦阻力系数 f_2	钢丝绳全部支承在托辊上		0.15~0.20	
	钢丝绳局部支承在托辊上		0.25~0.40	
	钢丝绳全部在底板或枕木上拖动		0.40~0.60	

7. 提升钢丝绳选择

(1) 钢丝绳选型原则。耐磨与抗弯曲、抗疲劳性能好，宜选用交互捻的外层钢丝较粗的6×7圆股绳、6×19钢丝绳或三角股钢丝绳；钢丝绳的抗拉强度不宜低于1520MPa。

(2) 钢丝绳选型计算。选择斜井提升钢丝绳时，静负荷要考虑倾角及阻力的影响，其计算公式如下：

$$P' = \frac{Q_0(\sin\alpha + f_1\cos\alpha)}{11\dfrac{\sigma}{m} - L'_0(\sin\alpha + f_2\cos\alpha)} \tag{6-39}$$

式中 P'——钢丝绳每米长度的计算质量，kg/m；

Q_0——钢丝绳终端总质量，包括容器自重和矿石质量，kg；

f_1——提升容器运行阻力系数，提升容器启动时的阻力系数为运行阻力系数的1.5倍；

f_2——钢丝绳移动时的摩擦阻力系数；

L'_0——钢丝绳从下部摘挂钩点至上部钢丝绳导轮间的长度，m，

$$\left.\begin{aligned}&\text{上部调车场为甩车场时：}L'_0 = L_x + L_j + 1.5nL_c + L_g + 0.75R_t\\&\text{上部调车场为平车场时：}L'_0 = L_x + L_j + \frac{L_p}{\cos\beta} - R_t\tan\beta\end{aligned}\right\} \tag{6-40}$$

L_c——矿车长度，m；

L_g——过卷距离，m；

n——矿车数量，m；

R_t——游轮或天轮半径，m；

L_x——斜井最下部车场的长度，m；

L_j——斜井井筒长度，m；

L_p——井口至井架导轮中心的水平距离，m；

β——钢丝绳牵引角，一般取9°；

σ——钢丝绳抗拉强度，MPa；

m——钢丝绳的安全系数，专用提人时不小于9；提升人员又提升物料时，提人不小于9，提物料不小于7.5，专用于提物料时不小于7.5。

计算出P'后，选择斜井提升钢丝绳，然后用式（6-39）进行安全系数验算：

$$m'' = \frac{Q_d}{[Q_0(\sin\alpha + f_1\cos\alpha) + P_s L_0'(\sin\alpha + f_2\cos\alpha)]g} \geqslant m \qquad (6\text{-}41)$$

式中　m''——计算安全系数；

Q_d——钢丝绳的钢丝破断力总和，N；

g——重力加速度，m/s^2；

P_s——钢丝绳每米长度的理论质量，kg/m。

三、矿车组提升计算

（一）设备选择计算

（1）小时提升量

$$A_s = \frac{CA}{t_s t_r} \qquad (6\text{-}42)$$

式中　A_s——小时提升量，t/h；

A——年提升量，t/a；

C——不均衡系数；

t_s——年工作日数，d/a；

t_r——日工作小时数，h/a。

（2）矿车最大装载量Q_{max}及有效装载量Q

$$\begin{cases} Q_{max} = \gamma V_r \\ Q = c_m Q_{max} \end{cases} \qquad (6\text{-}43)$$

式中　Q_{max}——矿车最大装载量，kg；

Q——矿车有效装载量，kg；

γ——松散矿石密度，kg/m^3；

c_m——矿石装满系数，斜井倾角小于25°时取0.8～0.9；斜井倾角为25°～30°时，取0.8；

V_r——矿车容积，m^3。

（3）确定提升斜井井筒长度L_j及井筒倾角α，根据设计确定。

（4）计算一次提升矿车数

1）计算一次提升循环近似时间

$$\left.\begin{aligned}&\text{上部平车场单钩提升：}T_j=\frac{2L_{ab}}{v_0}+\frac{2L_x}{v_s}+\frac{2L_j}{v_p}+2\theta_1\\&\text{上部平车场双钩提升：}T_j=\frac{L_{ab}}{v_0}+\frac{L_x}{v_s}+\frac{L_j}{v_p}+\theta_1\\&\text{上部甩车场单钩提升：}T_j=\frac{2L_{ab}}{v_0}+\frac{2L_x}{v_s}+\frac{2L_j}{v_p}+2(\theta_1+\theta_2)\end{aligned}\right\}\tag{6-44}$$

式中 T_j——一次提升循环近似时间，s；

L_{ab}，L_x——分别为上、下车场的长度，平车场取10~15m；甩车场取30m；

v_0——矿车组通过上、下车场时的速度，通过甩车场及其道岔时 $v_0\leqslant 0.5v$ 或 $v_0\leqslant 1.5\text{m/s}$；通过平车场时，自溜或推车机推车取 $v_0\leqslant 1.5\text{m/s}$；上部平车场人力推车取 $v_0\leqslant 1.5\text{m/s}$；

θ_1——矿车组摘挂钩时的提升休止时间，s；

θ_2——矿车组通过道岔时电动机反转换向时间，取 $\theta_2=58\text{s}$；

v_p——提升平均速度，$v_p=(0.75\sim0.9)v$，提升长度小于200m时取下限，大于600m时取上限；

v——最大提升速度，m/s。

2）一次提升或下放需要的矿车数

$$n=\frac{A_sT_j}{3.6Q}\tag{6-45}$$

式中 n——一次提升或下放需要的矿车数，辆；

其他符号意义同前。

3）按矿车联接器最大允许牵引力校验一次提升矿车数

$$n'=\frac{F_l}{(Q_{max}+Q_k)(\sin\alpha+f_1\cos\alpha)g}\geqslant n\tag{6-46}$$

式中 F_l——矿车联接器的最大许用牵引力，N；

Q_k——矿车质量，kg。

（5）钢丝绳选择计算。钢丝绳选择计算及其安全系数校验方法见前述内容。

（6）提升机及天轮或游轮选择计算

1）提升机选择计算

①确定提升机卷筒直径

$$\left.\begin{aligned}&\text{地面：}D_j\geqslant 80d_s\\&\text{地下：}D_j\geqslant 60d_s\end{aligned}\right\}\tag{6-47}$$

式中 d_s——提升钢丝绳直径，mm。

②确定卷筒宽度 B

$$\left.\begin{aligned}&\text{单层缠绕：}B \geqslant \left[\frac{10^3(L_l + L_s)}{\pi D_j} + 3\right](d_s + \varepsilon)\\&\text{双层缠绕：}B \geqslant \left[\frac{10^3(L_l + L_s) + (3 + 4)\pi D_j}{n_s \pi D_p}\right](d_s + \varepsilon)\end{aligned}\right\} \quad (6\text{-}48)$$

式中 L_l——提升长度，m，$L_l = L_s + L_j$；

L_s——钢丝绳试验长度，m，$L_s = 30\text{m}$；

ε——两圈钢丝绳间的间隙，mm，$\varepsilon = 2 \sim 3\text{mm}$；

n_s——钢丝绳缠绕层数；

D_p——钢丝绳的平均缠绕直径，mm，$D_p = D_j + (n_s + 1)d_s$；

3——钢丝绳的摩擦圈数；

4——钢丝绳的串动余量。

③计算最大静拉力；

$$F_j = [n(Q_{max} + Q_k)(\sin\alpha \pm f_1\cos\alpha) + P_s L_0'(\sin\alpha \pm f_2\cos\alpha)]g \quad (6\text{-}49)$$

式中 F_j——最大静拉力，N，提升时取“+”，下放时取“-”；

其他符号意义同前。

④计算最大静拉力差 F_c

单钩提升时：$F_c = F_j$；

双钩提升时：F_c为提升侧和下放侧两端静拉力之差。

⑤选择提升机型号

查阅设备手册，选择提升机。

2）天轮或游轮选择计算

导轮选择参见单绳竖井提升的天轮选择。

游轮直径 D_t 的选择应根据提升钢丝绳直径 d_s 及其在游轮圆周上的围包角 φ 的大小确定：

①当 $\varphi \geqslant 10°$时，$D_t \geqslant 60d_s$；

②当 $\varphi < 10°$时，D_t 不受此限制。

（二）确定井架位置

参阅《采矿设计手册》第四卷第 315 页中公式计算后确定。

（三）预选电动机

（1）计算电动机功率

$$\left.\begin{aligned}&\text{提升重车时：}N' = \frac{K_b F_c v}{1000\eta}\\&\text{下放重车时：}N' = \frac{K_b F_c v}{1000}\eta\end{aligned}\right\} \quad (6\text{-}50)$$

式中 N'——预选电动机功率，kW；

K_b——电动机功率备用系数，取 $K_b = 1.2$；

η——传动效率，一级传动 $\eta = 0.9$，二级传动 $\eta = 0.85$；

其他符号意义同前。

（2）预选电动机型号

查阅设备手册所列电动机型号，预选电动机型号。

（四）提升速度图和力图计算

同竖井一样，斜井矿车组提升速度图和力图计算也非常重要。学生毕业设计时，根据所设计的斜井矿车组提升的具体情况，参阅《采矿设计手册》第四卷 p281～289 中的相关内容进行计算。

四、斜井箕斗提升计算

（一）斜井箕斗提升设备选择计算

（1）小时提升量，采用式（6-42）计算。

（2）计算一次提升循环近似时间

$$\left.\begin{aligned}\text{单钩提升：}T_j &= \frac{2L_j}{v_p} + \theta_1 + \theta_2 \\ \text{双钩提升：}T_j &= \frac{L_t}{v_p} + \theta_1\end{aligned}\right\} \tag{6-51}$$

式中 L_t——箕斗提升长度，m；

v_p——箕斗提升平均速度，m/s，$v_p = (0.75 \sim 0.9)v$，提升长度小于 200m 时取下限，大于 600m 时取上限；

θ_1，θ_2——装、卸矿提升休止时间，根据表 6-13 选取；

其他符号意义同前。

（3）小时提升次数

$$n_s = \frac{3600}{T_j} \tag{6-52}$$

（4）计算一次提升量

$$Q' = \frac{A_s}{n_s} \times 1000 \tag{6-53}$$

式中 Q'——一次提升量，kg。

（5）箕斗容积

$$V'_r = \frac{Q'}{C_m \gamma} \tag{6-54}$$

式中 V'_r——一次提升量，m^3；

C_m——装满系数，与斜井倾角、箕斗结构类型和装载设备尺寸有关，一般取 $C_m = 0.65 \sim 0.85$；

γ——松散矿石密度，kg/m^3。

（6）选定箕斗标准容积。依据《采矿设计手册》第四卷第 273 页表 1-5-11 及表 1-5-12，选择箕斗标准容积 V_r。

（7）箕斗有效载重量

$$Q = C_m V_r \tag{6-55}$$

式中 Q——一次提升量，kg。

（8）箕斗质量。箕斗质量 Q_j（kg）根据箕斗选型结果。

（9）钢丝绳每米质量

$$P' = \frac{(Q_{max} + Q_j)(\sin\alpha + f_1\cos\alpha)}{11\dfrac{\sigma}{m} - L'_0(\sin\alpha + f_2\cos\alpha)} \tag{6-56}$$

式中 P'——每米长度钢丝绳的计算重量，kg/m；

Q_{max}——箕斗最大载重量，kg，$Q_{max} = \gamma V_r$，或由箕斗设计确定；

f_1——提升容器运行阻力系数，提升容器启动时的阻力系数为运行阻力系数的 1.5 倍；

f_2——钢丝绳移动时的摩擦阻力系数；

L'_0——箕斗装矿点至导轮的距离，m；

σ——钢丝绳抗拉强度，MPa；

α——钢丝绳牵引角，一般取 9°；

m——钢丝绳的安全系数，箕斗专用于提物料时不小于 7.5。

（10）核验钢丝绳实际安全系数，使 $m' \geqslant m$。

计算出 P'后，选择出斜井提升钢丝绳，得到钢丝绳的理论质量 P_s，然后用下式进行安全系数验算：

$$m' = \frac{Q_d}{[(Q_{max} + Q_j)(\sin\alpha + f_1\cos\alpha) + P_s L'_0(\sin\alpha + f_2\cos\alpha)]g} \geqslant m \tag{6-57}$$

式中 m'——计算安全系数；

Q_d——钢丝绳的钢丝破断力总和，N；

g——重力加速度，m/s^2；

P_s——钢丝绳每米长度的理论重量，kg/m。

（11）单箕斗提升时平衡锤质量

$$Q_{ch} = \frac{1}{2}Q + Q_j \tag{6-58}$$

式中 Q_{ch}——平衡锤质量，kg；

其他符号意义同前。

(12) 最大静拉力

$$F_j = (Q_{max} + Q_j)(\sin\alpha \pm f_1\cos\alpha)g + P_s L_0'(\sin\alpha \pm f_2\cos\alpha)g \tag{6-59}$$

式中符号意义同前，当提升时取“+”，下放时取“-”。

(13) 最大静拉力差

双箕斗提升下放时：

$$F_c = [Q_{max}(\sin\alpha \pm f_1\cos\alpha) \pm 2Q_j f_1\cos\alpha + P_s L_t(\sin\alpha \pm f_2\cos\alpha)]g \tag{6-60}$$

式中符号意义同前。

单箕斗平衡锤提升下放时：

$$F_c = \left[\frac{Q_{max}(\sin\alpha \pm 3f_1\cos\alpha)}{2} \pm 2Q_j f_1\cos\alpha + P_s L_t(\sin\alpha \pm f_2\cos\alpha)\right]g \tag{6-61}$$

式中符号意义同前。

(14) 选择天轮或导轮。导轮或天轮选择参见单绳竖井提升的天轮选择。

游轮直径 D_t 的选择应根据提升钢丝绳直径 d_s 及其在游轮圆周上的围包角 φ 的大小确定：

1) 当 $\varphi \geqslant 10°$ 时，$D_t \geqslant 60d_s$。

2) 当 $\varphi < 10°$ 时，D_t 不受此限制。

(15) 预选电动机功率 N'(kW)。

1) 计算电动机功率

$$\left.\begin{array}{ll}
\text{单箕斗提升(不带平衡锤)：} & N' = \dfrac{K_b F_j v}{1000\eta} \\
\text{单箕斗下放(不带平衡锤)：} & N' = \dfrac{1.05K_b F_j v}{1000}\eta \\
\text{双箕斗或单箕斗带平衡锤提升：} & N' = \dfrac{K_b F_c v}{1000\eta} \\
\text{双箕斗或单箕斗带平衡锤下放：} & N' = \dfrac{1.05K_b F_c v}{1000}\eta
\end{array}\right\} \tag{6-62}$$

式中 N'——预选电动机功率，kW；

K_b——电动机功率备用系数，取 $K_b = 1.2$；

η——传动效率，一级传动 $\eta = 0.9$，二级传动 $\eta = 0.85$；

其他符号意义同前。

2) 预选电动机型号。查阅设备手册所列电机型号，预选电动机型号。

(16) 选择提升机及天轮。参照“矿车组提升计算”部分的提升机及天轮选择与计算。

五、斜井提升系统布置

(一) 提升机与井筒、井架的相对配置

(1) 矿车组提升井口车场形式与布置，基本形式有平车场和甩车场，可根据生产能力、地形条件等因素综合选定。平车场布置简单，在提升设备相同条件下，与甩车场布置相比，提升通过能力较大，但安全性不如甩车场。

车场布置时注意事项可参阅《采矿设计手册》第四卷 p312~313。

(2) 箕斗提升井口布置，是指卸载矿仓或装载矿仓，井架或导轮架及提升机房之间的相对位置关系。其配置关系较矿车组提升井口布置复杂，可根据开拓运输系统、地形条件及有关布置要求等因素确定。

布置形式与注意事项可参阅《采矿设计手册》第四卷 p313~314。

(二) 井架位置的确定

1. 平车场布置

如图 6-8 所示，井口至井架导轮中心的水平距离 L_p 和井架高度 H_0 可采用式(6-63) 和式 (6-64) 计算。

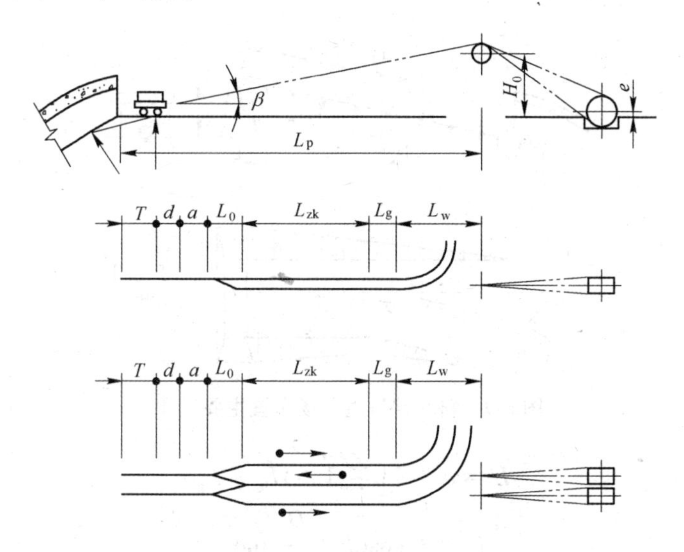

图 6-8 斜井井口平车场布置主要尺寸

井口至井架导轮中心的水平距离 L_p：

$$L_p = T + d + a + L_0 + L_{zk} + L_g + L_w \tag{6-63}$$

井架高度 H_0：

$$H_0 = L_p \tan\beta - \frac{1}{2}D_t \cos\beta \tag{6-64}$$

式中 L_p——井口至井架导轮中心的水平距离，m；

H_0——井架高度，m；

T——井口竖曲线切线长，m；

d——井口竖曲线至道岔的插入段长度，不小于通过车辆的最大轴距，m；

a——道岔端部至道岔岔心的距离，m；

L_0——相当于轨道警冲标至道岔岔心的距离，m；

L_{zk}——矿车组摘挂钩线的直线长度，m；

L_g——过卷距离，m；

L_w——水平弯道占据的长度，m，由平面布置确定；

D_t——游轮直径，m；

β——钢丝绳牵引角，$\beta<9°$。

2. 甩车场布置

如图 6-9 所示，从甩车场与卷扬道联接道岔的岔心至导轮钢丝绳接触点的斜长 L'、从此道岔的岔心至导轮中心的水平距离 L_p 和垂直高度 H_0 可分别采用式（6-65）~式（6-67）计算。

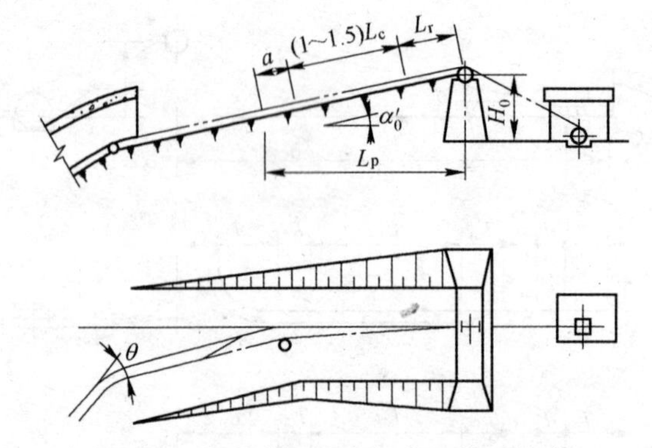

图 6-9 斜井井口甩车场布置主要尺寸

$$L' = a + (1 \sim 1.5)L_c + L_g \tag{6-65}$$

$$L_p = L'\cos\alpha_0' + \frac{D_t}{2}\sin\alpha_0' \tag{6-66}$$

$$L_p = L'\sin\alpha_0' - \frac{D_t}{2}\cos\alpha_0' \tag{6-67}$$

式中 L_c——矿车组长度，m；

α_0'——卷扬道井口部分（或井口栈桥）的倾角，一般地，$\alpha_0' = 8° \sim 10°$；

其他符号意义同前。

道岔岔心的位置由井口甩车道计算确定。

3. 箕斗提升井口布置

箕斗提升井架及其高度的确定与矿仓容积、形式及外部运输系统等因素有关。设计时，学生可参照上述方法，并根据斜井倾角、箕斗卸载位置及提升过卷距离等计算确定。

（三）提升机房位置的确定

提升机房位置的确定主要包括以下 3 个方面的内容，学生设计时可参阅《采矿设计手册》第四卷 p315~318 的有关内容：

（1）确定提升机房与井架的相对配置形式。

（2）确定天轮井架与提升机房相对位置。

（3）确定游轮井架与提升机房相对位置：

1）计算提升机与游轮间弦长和水平间距；

2）计算偏角和仰角。

第四节 阶 段 运 输

目前阶段运输方式有无轨运输和有轨运输两种。其中无轨运输以坑内电动卡车或柴油卡车为主，具有灵活方便的特点，多应用于矿床储量大、生产规模大的生产矿井。随着有轨运输设备的大型化和运输系统自动化水平的大幅度提高，地下机车运输仍广泛应用于地下开采的阶段运输。

因此，采矿专业学生在毕业设计中，对于阶段运输方式的选择仍以地下机车有轨运输为主。设计的主要内容包括电机车的选型、确定列车组的矿车数量、质量与装载量，以及阶段同时工作的电机车列车数量等。

一、机车车辆选型及运输主参数选取

《金属非金属矿山安全规程》（GB 16423—2006）规定：有爆炸性气体的回风巷道，不应使用架线式电机车；高硫和有自燃发火危险的矿井，应使用防爆型蓄电池电机车。

（一）电机车与运输车辆选型

1. 电机车选型

金属矿山阶段运输多采用直流架线式电机车，额定电压一般为 250V，当运输量较大、运输距离较长时，额定电压也可采用 550V。

电机车形式和规格的选取与运输量、运距、使用地点、装卸矿方式和运输车辆形式等因素相关。

表 6-18 列出了阶段运输量与机车质量、矿车容积、轨距、轨型的关系，学生可参照此表选择机车质量。

表 6-18 阶段运输量与机车质量、矿车容积、轨距、轨型的关系

阶段运输量 /kt·a^{-1}	机车质量 /t	矿车容积 /m^3	轨距 /mm	钢轨型号 /kg·m^{-1}
<80	1.5	0.5~0.6	600	8
80~150	1.5~3	0.6~1.2	600	12~15
150~300	3~7	0.7~1.2	600	15~22
300~600	7~10	1.2~2.0	600	22~30
600~1000	10~14	2.0~4.0	600，762	22~30
1000~2000	14，10 双机牵引	4.0~6.0	762，900	30~38
2000~4000	14~20，14~20 双机	6.0~10.0	762，900	30~43
>4000	40~50，20 双机	>10.0	900	43，43 以上

2. 矿车车辆选型

矿车的选择主要根据运输矿物的种类、矿石性质、运输量和运距、装卸矿方式等进行选择，需通过技术经济比较后确定。要优先选择卸载方式简单、卸载速度快的矿车类型。阶段运输量与矿车容积的关系见表 6-18。

目前，金属矿山常用矿车主要有固定式、翻斗式、侧卸式、底卸式、底侧卸式及梭式矿车，选择时，需根据不同矿车类型的卸矿方式、优缺点及其适用条件进行分析比较。

（二）运输主参数选取

1. 确定车组重量及车组中矿车数

在选定电机车及矿车型号以后，便根据运输条件来确定电机车牵引的矿车数。具体过程为：首先按电机车的启动条件和制动条件分别计算它的牵引重量，取其中的较小值来计算它牵引的矿车数；然后按牵引电动机的温升条件对上述结果进行校验。

（1）按电机车的启动条件（黏着条件）计算车组质量

按最困难情况考虑，即重列车上坡启动计算车组质量

$$Q_{zh} = \frac{p_n \psi}{g(\omega_{zhq} + i_p + \omega_w + 0.11a)} - p \tag{6-68}$$

式中 p_n——电机车黏着重力，N；

ψ——车轮轮面与钢轨间的黏着系数，按表 6-19 确定；

ω_{zhq}——重车启动时的阻力系数，其值比正常运行时的阻力系数大 30%~50%，单位基本阻力系数参照表 6-20 选取；

i_p——运输线路的平均坡度，一般为 3‰~5‰；

a——启动加速度，m/s^2，一般取 a=0.03~0.05m/s^2；

g——重力加速度，m/s^2；

ω_w——弯道阻力系数，用经验公式 $\omega_w = \frac{K \times 35}{1000R}$ 计算，当重列车不在弯道上启动时，则 $\omega_w = 0$；

K——考虑外轨超高的系数，当外轨超高时，$K=1$；当外轨没有超高时，$K=1.5$；

R——曲线半径，m。

表 6-19　电机车运输黏着系数

工作状态	不撒沙启动时	撒沙启动时	运行时	制动时
ψ 值	0.18	0.22~0.25	0.15	0.16~0.18

表 6-20　列车运行基本阻力系数

矿车容积/m^3	单个矿车运行时		列车运行时		列车启动时	
	重车	空车	重车	空车	重车	空车
0.5	0.007	0.009	0.009	0.011	0.0135	0.0165
0.7~1.0	0.006	0.008	0.008	0.010	0.012	0.015
1.2~1.5	0.005	0.007	0.007	0.009	0.0105	0.0135
2	0.0045	0.006	0.006	0.007	0.009	0.0105
4	0.0040	0.005	0.005	0.006	0.0075	0.009
6	0.0037	0.0045	0.0045	0.0055	0.00675	0.00825
10	0.0035	0.004	0.004	0.005	0.006	0.0075

电机车运行单位基本阻力见表 6-21。

表 6-21　电机车运行单位基本阻力 ω_j

电机车黏着质量/t	3	6.7	10	14	20	40
固定线上/$N \cdot t^{-1}$	98	79	69	58	48	48
移动线上/$N \cdot t^{-1}$	147	118	98	88	68	68

（2）按牵引电动机的温升条件计算车组质量

$$Q_{zh} = \frac{F_{ch}}{ga\sqrt{\tau}(\omega_{zh} - i_p)} - p \tag{6-69}$$

式中　F_{ch}——电机车长时牵引力，由电动机类型特性曲线中查得；

τ——运行时间系数，$\tau = \dfrac{T}{T_y + \theta}$；

T——电机车往返一次所需时间，min，$T = T_y + \theta$；

T_y——列车往返一次的运行时间，min，$T_y = \dfrac{2L}{60v_p}$；

v_p——列车平均运行速度，m/s，见表6-22；

L——平均加权运行距离，m，$L = \dfrac{A_1L_1 + A_2L_2 + \cdots + A_nL_n}{A_1 + A_2 + \cdots + A_n}$；

a——调车系数，当运距 $L < 1000$m 时，$a = 1.4$，当运距 $L = 1000 \sim 2000$m 时，$a = 1.25$，当运距 $L > 2000$m 时，$a = 1.15$。

当线路采用等阻坡度时，可不做电动机发热条件计算。

表 6-22 机车平均运行速度

机车质量/t		3	7	10	14	20
平均速度	km/h	5~7	10~12	10~12	12~14	14~16
	m/s	1.39~1.94	2.78~3.33	2.78~3.33	3.33~3.89	3.89~4.44

注：1. 阶段线路运距短，轨道铺设质量差时，无论机车大小均取 5~7km/h；

2. 运距大于 2km 的平硐取大值。

（3）按制动条件计算车组质量

$$Q_{zh} \leqslant \frac{p_{zhi}\psi}{g(0.11a_{zhi} + i_p - \omega_{zh})} - p \tag{6-70}$$

式中 a_{zhi}——制动时减速度，m/s²，$a_{zhi} = \dfrac{v_{ch}^2}{2L_{zhi}}$；

L_{zhi}——制动距离，取 $L_{zhi} = 40$m；

v_{ch}——长时速度，m/s；

ω_{zh}——重列车阻力系数，见表6-20；

p_{zhi}——机车制动质量，对于矿用机车，$p_{zhi} = p_n$；

p_n——机车黏着质量。

（4）确定列车组矿车数量

1）列车组矿车数量计算。按上述三个条件计算列车组质量后，选其中最小者来确定车组中的矿车数目：

$$Z = \frac{Q_{zh}}{G + G_0} \tag{6-71}$$

式中 Z——车组中矿车数，辆，取整数；

G_0——矿车自重，kg；

G——矿车有效载质量，kg；

Q_{zh}——牵引质量中的较小值，kg。

2）按牵引电动机的温升条件校核列车组矿车数目。按电动机等值电流不超过电机的长时电流的条件来验算。对于机车运输：

$$I_d = a\sqrt{\frac{I_{zh}^2 t_{zh} + I_K^2 t_K}{T_y + \theta}} \leqslant I_{ch} \tag{6-72}$$

式中 I_d——电动机等值电流，A；

I_{zh}——重列车等速运行时电流，A，查牵引电动机特性曲线；

I_K——空列车等速运行时电流，A，查牵引电动机特性曲线；

t_{zh}——重列车运行时间，min，$t_{zh} = \dfrac{L_{max}}{60 \times 0.75v_{zh}}$；

t_K——空列车运行时间，min，$t_K = \dfrac{L_{max}}{60 \times 0.75v_K}$；

L_{max}——电机车到最远的一个装车站的距离，m；

θ——停车及调车时间，一般取 $\theta = 15 \sim 25$min；

v_{zh}——重列车运行速度，m/s，查牵引电动机特性曲线；

v_K——空列车运行速度，m/s，查牵引电动机特性曲线。

牵引电动机特性曲线参阅《采矿手册》第五卷 150 页图 14-26。

2. 确定井下每班工作电机车台数

（1）一台电机车每班可完成的循环次数

$$n = \frac{60t_b}{T} \tag{6-73}$$

式中 t_b——电机车每班工作小时数，取 6~6.5h；

T——电机车往返一次所需时间，min，$T = T_y + \theta$；

θ——停车及调车时间，一般取 $\theta = 15 \sim 25$min；

T_y——列车往返一次的运行时间，min，$T_y = \dfrac{2L}{60v_p}$；

v_p——列车平均运行速度，见表 6-22，m/s。

（2）完成每班出矿量所需列车循环次数

$$n_K = \frac{CA_b}{ZG} \tag{6-74}$$

式中 A_b——每班矿石运输量，吨/班；

C——运输不均衡系数，取 $C = 1.2 \sim 1.3$；

Z——列车组的矿车数；

G——矿车有效载重，t。

（3）完成每班废石、人员、设备和材料运输所需列车循环次数，根据矿山具体情况确定。

（4）阶段运输每班所需要的电机车工作台数

$$N = \frac{n_K + n_r}{n} \tag{6-75}$$

式中 N——阶段运输每班所需要的电机车工作台数；

n_K——完成每班出矿量所需列车循环次数；

n_r——完成每班废石、人员、设备和材料运输所需机车循环次数；

n——一台电机车每班可完成的循环次数，取整数。

（5）阶段所需电机车总台数

$$N_0 = N + N' \tag{6-76}$$

式中 N_0——阶段运输每班所需要的电机车工作台数；

N'——备用检修的电机车台数，一般按工作机车台数的20%～25%选取，不足一台时，按一台计算。

二、列车运行图表的编制

当多台电机车同时工作时，为能及时供应装车站空车及井底车场重车组，提高机车运输能力，以及防止运输中事故的发生，需编制列车运行图表。

1. 编制列车运行图表所需原始条件

（1）列车运行距离；

（2）同时工作的电机车台数；

（3）重列车、空列车运行时间；

（4）井底车场、装车站的调车时间。

2. 编制列车运行图表的原则

（1）单轨线路设有错车站时，一般空车等重车，重列车不停顿，穿过错车站；

（2）错车站的位置应设在两边来车所走时间相同的地方；

（3）同时有3台或3台以上的机车工作时，最好铺设双轨线路。

3. 列车运行图表编制方法

以纵坐标表示距离，横坐标表示时间，将每台工作电机车单独绘出运行图表，然后将各单独运行图表汇总在同一张图表中。列车运行图表形式如图6-10所示。

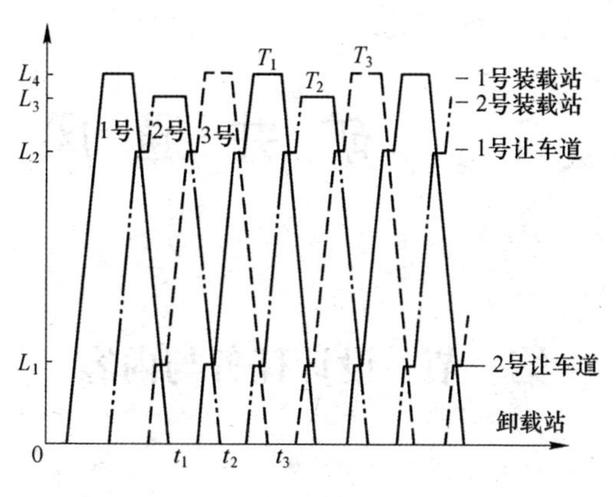

L_4
L_3
L_2
L_1
0
T_1
T_2
T_3
1号
2号
3号
1号装载站
2号装载站
1号让车道
2号让车道
卸载站
t_1
t_2
t_3

图 6-10　列车运行图表

7 矿井通风

第一节 设计任务与内容

一、设计任务

矿井通风设计是整个矿井设计内容的重要组成部分，是保证安全生产的重要环节，其基本任务是建立一个安全可靠、技术先进、经济合理的矿井通风系统。矿井通风设计分为新建与改建或扩建矿井通风设计。对于新建矿井的通风设计，既要考虑当前的需要，又要考虑长远发展的可能。对于改建或扩建矿井的通风设计，必须对矿井原有的生产与通风情况作出详细的调查，分析通风存在的问题，考虑矿井生产的特点和发展规划，充分利用原有的井巷和通风设备，在原有基础上提出更完善、更切合实际的通风设计。无论新建、改建或扩建矿井的通风设计，都必须遵照国家颁布的矿山安全规程、技术操作规程、设计规范和有关的规定。

矿井通风设计一般分为基建与生产两个时期，并对其分别进行设计计算。

1. 矿井基建时期的通风

矿井基建时期的通风，是指建井过程中掘进井巷时的通风，此时期多用局部通风机对独头巷道进行局部通风。当两个井筒贯通后，主要通风机安装完毕，便可用主要通风机对已开凿的井巷实行全风压通风，从而缩短其余井巷与硐室掘进时局部通风的距离。

2. 矿井生产时期的通风

矿井生产时期的通风，是指矿井投产后，包括全矿开拓、采准和回采工作面，以及其他井巷的通风。根据矿井生产年限的长短，这一时期的通风设计分为两种情况：

（1）矿井服务年限不长时（15~20a），只做一次通风设计。矿井达产后通风阻力最小时，为矿井通风容易时期；矿井通风阻力最大时，为矿井通风困难时期。依据这两个时期的生产情况进行设计计算，并选出对这两个时期的通风皆适宜的通风设备。

（2）矿井服务年限较长时，考虑到通风机设备选型、矿井所需风量和风压的变化等因素，需分为两个时期进行通风设计。第一期，对该时期内通风容易和通风困难两种情况详细地进行设计计算。第二期的通风设计只做一般的原则规划，但对矿井通风系统，应根据矿井整个生产时期的技术经济因素，作出全面的考虑，以使确定的通风系统既可适应现实生产的需要，又能照顾长远的生产发展变化。

3. 矿井通风设计所需基础资料

（1）矿区气象条件：常年风向，历年气温最高月、气温最低月的平均温度，月平均气压。

（2）矿区恒温带温度，地温梯度，经风井口、回风井口及井底气温。

（3）矿区降雨量、最高洪水位、涌水量、地下水文资料。

（4）井田地质、地形资料，矿区有无老窑及其存在地点和存在情形等。

（5）矿井设计生产能力及服务年限，矿井各个水平服务年限，各采区的储量和产量分布、生产规模。

（6）矿井开拓方式及采区巷道布置，采掘工作面的比例，生产和备用工作面个数，井下同时工作的最多人数，同时爆破的药量。

（7）主、副井及风井的井口标高。

（8）矿井各水平的生产能力及服务年限，采区及工作面的生产能力。

（9）矿井巷道断面图。

（10）矿井技术经济参数及相邻矿区、矿井的经验数据或统计资料等。

学生除完成毕业设计说明书的相关内容编制外，还应绘制矿井通风系统图。

二、设计内容

1. 毕业设计说明书

根据设计的具体内容，本章的标题为“矿井通风”，可分为5部分：

其一为“矿井通风系统选择”。主要是绘制通风系统图，对影响通风设计的自然因素进行必要的概述，提出矿井通风系统可行方案，进行技术经济比较，选择最佳通风系统，并论证其合理性。

其二为“矿井风量计算”。根据冶金矿山设计规范规定，学生需按照回采、掘进、硐室及其他地点的实际需风量进行计算，同时按照井下同时工作的最多人数进行验算。

其三为“全矿通风阻力计算”。根据拟定的通风线路计算全矿的通风总阻力，为选择扇风机提供依据。

其四为“矿井通风设备选择”。根据矿井初、后期及达产时的矿井总需风量和总负压（如多风井抽风，每个回风井应单独计算），选择矿井通风设备。

其五为“矿井防尘”。描述矿井防尘要求及主要措施。

2. 矿山通风系统图

用 Auto CAD 绘制矿山通风系统图，绘图比例为 1∶1000 或 1∶2000。

第二节 矿井通风系统选择

矿井通风设计是矿床开采总体设计不可缺少的组成部分。选择开拓系统方案时，必须同时提出相应的通风系统方案。选择矿井通风系统，要结合前面所确定的矿床开拓方式、阶段巷道和采区巷道布置及生产系统，要符合安全可靠，技术先进、合理、经济，投产快等原则，遵守国家现行金属非金属矿山安全生产规程的规定。

一、注意的问题

（1）风路短、阻力小，在主要人行运输巷道和工作面污风不串联。

（2）风量分配满足生产需要，漏风少。

（3）通风构筑物少，便于维护管理。

（4）专用通风井巷工程量少，施工方便。

（5）通风动力消耗少，通风费用低。

（6）适应矿体赋存条件和开采特点。

二、应遵守的规定

国家《金属非金属矿山安全规程》（GB 6423—2006）和《金属非金属地下矿山通风技术规范》（AQ 2013.1—2008）对地下矿井井下空气质量和通风做了如下规定。

1. 井下空气

（1）井下采掘工作面进风流中的空气成分（按体积计算），氧气应不低于20%，二氧化碳应不高于 0.5%。

（2）入风井巷和采掘工作面的风源含尘量，应不超过 0.5mg/m^3。

（3）井下作业地点的空气中，有害物质的接触限值应不超过表 7-1 的规定。

表 7-1 有毒有害气体最大允许浓度表

气体名称	最大允许浓度/mg · m^{-3}
一氧化碳 CO	30
氧化氮（换算成 NO_2）NO_x	5
二氧化硫 SO_2	15
硫化氢 H_2S	10

（4）含铀、钍等放射性元素的矿山，井下空气中氡及其子体的浓度应符合

《放射卫生防护基本标准》（GB 4792—84）的规定。

（5）矿井所需风量，按下列要求分别计算，并取其中最大值：

1）按井下同时工作的最多人数计算，供风量应不少于每人 $4m^3/min$。

2）按排尘风速计算，硐室型采场最低风速应不小于 0.15m/s，巷道型采场和掘进巷道应不小于 0.25m/s；电耙道和二次破碎巷道应不小于 0.5m/s；箕斗硐室、破碎硐室等作业地点，可根据具体条件，在保证作业地点空气中有害物质的接触限值符合《工作场所化学有害因素职业接触限值》（GB Z2.1—2007、GB Z2.2—2007）规定的前提下，分别采用计算风量的排尘风速。

3）有柴油设备运行的矿井，按同时作业机台数每千瓦每分钟供风量 $4m^3$ 计算。

（6）采掘作业地点的气象条件应符合表 7-2 的规定，否则，应采取降温或其他防护措施。

表 7-2 采掘作业地点气象条件规定

干球温度/℃	相对湿度/%	风速/$m \cdot s^{-1}$	备 注
≤28	不规定	0.5~1.0	上限
≤26	不规定	0.3~0.5	至适
≤18	不规定	≤0.3	增加工作服保暖量

（7）进风巷冬季的空气温度，应高于 2℃；低于 2℃时，应有暖风设施。不应采用明火直接加热进入矿井的空气。

在严寒地区，主要井口（所有提升井和作为安全出口的风井）应有保温措施，防止井口及井筒结冰。如有结冰，应及时处理。处理结冰时，应通知井口和井下各中段马头门附近的人员撤离，并做好安全警戒。

有放射性的矿山，不应利用老窿（巷）预热和降温。

（8）井巷断面平均最高风速应不超过表 7-3 的规定。

表 7-3 井巷断面平均最高风速表

井 巷 名 称	最高风速/$m \cdot s^{-1}$
专用风井、专用总进、回风道	15
专用物料提升井	12
风桥	10
提升人员和物料的井筒，中段主要进、回风道，修理中的井筒，主要斜坡道	8
运输巷道、采区进风道	6
采矿场	4

2. 通风系统

（1）矿井应建立机械通风系统。对于自然风压较大的矿井，当风量、风速和作业场所空气质量能够达到井下空气的规定时，允许暂时用自然通风替代机械通风。

应根据生产变化，及时调整矿井通风系统，并绘制全矿通风系统图。通风系统图应标明风流的方向和风量、与通风系统分离的区域、所有风机和通风构筑物的位置等。

井下采用硐室爆破时，应专门编制通风设计和安全措施，并经主管矿长批准执行。

（2）矿井通风系统的有效风量率，应不低于60%。

（3）采场形成通风系统之前，不应进行回采作业。

矿井主要进风风流，不得通过采空区和塌陷区，需要通过时，应砌筑严密的通风假巷引流。

主要进风巷和回风巷，应经常维护，保持清洁和风流畅通，不应堆放材料和设备。

（4）进入矿井的空气，不应受到有害物质的污染。放射性矿山出风井与入风井的间距，应大于300m。从矿井排出的污风，不应对矿区环境造成危害。

（5）箕斗井不应兼作进风井。混合井作进风井时，应采取有效的净化措施，以保证风源质量。主要回风井巷，不应用作人行道。

（6）各采掘工作面之间，不应采用不符合前述要求的风流进行串联通风。井下破碎硐室、主溜井等处的污风，应引入回风道。井下炸药库，应有独立的回风道。充电硐室空气中氢气的含量，应不超过0.5%（按体积计算）。井下所有机电硐室，都应供给新鲜风流。

（7）采场、二次破碎巷道和电耙巷道，应利用贯穿风流通风或机械通风。电耙司机应位于风流的上风侧。

（8）采空区应及时密闭。采场开采结束后，应封闭所有与采空区相通的影响正常通风的巷道。

（9）通风构筑物（风门、风桥、风窗、挡风墙等）应由专人负责检查、维修，保持完好严密状态。主要运输巷道应设两道风门，其间距应大于一列车的长度。手动风门应与风流方向成80°~85°的夹角，并逆风开启。

（10）风桥的构造和使用，应符合下列规定：风量超过20m^3/s时，应设绕道式风桥；风量为10~20m^{3}时，可用砖、石、混凝土砌筑；风量小于10m^3/s时，可用铁风筒；木制风桥只准临时使用；风桥与巷道的连接处应做成弧形。

3. 主扇风机

（1）正常生产情况下，主扇风机应连续运转。当井下无污染作业时，主扇风机可适当减少风量运转；当井下完全无人作业时，允许暂时停止机械通风。当主扇风机发生故障或需要停机检查时，应立即向调度室和主管矿长报告，并通知所有井下作业人员撤离。

（2）每台主扇风机应具有相同型号和规格的备用电动机，并有能迅速调换电动机的设施。

（3）主扇风机应有使矿井风流在10min内反向的措施。当利用轴流式风机反转反风时，其反风量应达到正常运转时风量的60%以上。每年至少进行一次反风试验，并测定主要风路反风后的风量。采用多级机站通风系统的矿山，主通风系统的每一台通风机都应满足反风要求，以保证整个系统可以反风。主扇风机或通风系统反风，应按照事故应急预案执行。

（4）主扇风机房，应设有测量风压、风量、电流、电压和轴承温度等的仪表。每班都应对扇风机运转情况进行检查，并填写运转记录。有自动监控及测试装置的主扇，每两周应进行一次自控系统的检查。

4. 局部通风

（1）掘进工作面和通风不良的采场，应安装局部通风设备。局扇应有完善的保护装置。

（2）局部通风的风筒口与工作面的距离：压入式通风应不超过10m；抽出式通风应不超过5m；混合式通风，压入风筒的出口应不超过10m，抽出风筒的入口应滞后压入风筒的出口5m以上。

（3）人员进入独头工作面之前，应开动局部通风设备通风，确保空气质量满足作业要求。独头工作面有人作业时，局扇应连续运转。

（4）停止作业并已撤除通风设备而又无贯穿风流通风的采场、独头上山或较长的独头巷道，应设栅栏和警示标志，防止人员进入。若需要重新进入，应进行通风和分析空气成分，确认安全后方准进入。

（5）风筒吊挂应平直、牢固，接头严密，避免车碰和炮崩，并应经常维护，以减少漏风，降低阻力。

三、拟定矿井通风系统

拟定矿井通风系统时，在设计说明书中应说明所采用的是全矿集中通风、分区通风，还是多级机站通风，以及所采用的风井布置、通风方式、通风网络的类型等，提出几个不同的通风系统方案，经过技术经济比较确定最优方案。

（1）集中通风、分区通风与多级机站通风。参阅王英敏主编《矿井通风与安全》第十章和《采矿设计手册》第2卷第十六章16.1.2和16.1.7，确定采用集中通风、还是采用分区通风或多级机站通风。

(2) 风井布置形式。全矿集中通风和分区通风的进风井和回风井，按其相对位置可分为对角式（单翼对角式与双翼对角式）、中央式（中央并列式、端部并列式和中央分列式）和混合式三种布置形式。其适用条件和矿山实例详见《采矿设计手册》第2卷第1566页表2-16-2。

(3) 通风方式。矿井通风方式有抽出式、压入式和混合式三种。冶金矿山矿井通风方式多采用抽出式。混合式的优点比较明显，漏风小，可克服较大的通风阻力。各种通风方式的适用条件和优缺点详见《采矿设计手册》第2卷第1568页表2-16-3。

(4) 中段通风网络。两个或两个以上的中段同时生产时，避免采掘工作面污风串联，中段的通风网路有阶梯式、平行双巷通风网、棋盘式、上、下行同隔式和梳式通风网路。《采矿设计手册》第2卷第1570页表2-16-4列出了以上五种中段通风网路的结构特点及适用条件，可供选用。

(5) 采场通风。采场通风分为巷道型或硐室型采场通风、耙道底部结构采场通风和无底柱分段崩落法采场通风三大类，要据所选用的采矿方法及其采准结构形式确定正确的采场通风方式。

(6) 矿井通风构筑物。为了使矿井中的风流遵照规定的线路流动，必须在矿井通风网路中设置各种控制风流的通风构筑物，如风门、风窗、密闭墙等。

矿井通风构筑物见《采矿设计手册》第二卷第1576页表2-16-6。

四、选择矿井通风系统

矿井通风系统方案可与矿井开拓提升运输、采矿方法等方案进行比较。亦可单独列出不同的通风系统方案进行比较，其技术经济比较项目见表7-4。

表7-4 通风系统方案技术经济比较表

项　目	第一方案	第二方案	第三方案
风流线路长度/m			
矿井风量/$m^3 \cdot s^{-1}$			
矿井通风阻力/Pa			
主通风井巷的风速/$m \cdot s^{-1}$			
通风构筑物/个			
通风井巷工程量/$m \cdot m^{-3}$			
主扇台数/台			

续表 7-4

项目	第一方案	第二方案	第三方案
主扇总装机容量/kW			
基建费用/万元			
年经营费/万元			
每吨矿石通风费用/元			
年产万吨耗风量/$m^3 \cdot s^{-1}$			
通风定员/人			

经过比较，选出技术上可行、经济上合理的方案。在经济上比较差别不大的情况下，可根据通风系统技术可靠性和控制管理的难易程度选择通风系统。

五、绘制矿井通风系统立体图

矿井通风系统选定以后，要根据开拓、采准和采矿方法及开拓系统图、中段平面图、采矿方法图、回采顺序、采掘计划，以及有关图纸和资料，绘出矿山通风系统立体图，在图上要绘出下列内容：

（1）开拓及采准井巷；

（2）入风井、回风井；

（3）地下炸药库，坑内破碎硐室及其他硐室；

（4）残柱回采中段、同时回采中段、开拓中段；

（5）中段通风网路；

（6）矿柱回采工作面个数、位量；同时回采工作面个数、位量；开拓及采准掘进工作面个数及位量；备用回采采场及掘进工作面的个数及位置；

（7）采场通风网路；

（8）风流方向；

（9）风窗、风门等通风构筑物。

六、井巷断面风速校核

矿井开拓提升运输、矿井通风等系统确定以后，要用井巷中的风速对井巷断面进行校核。此时需要估算矿井的总需风量。

1. 按万吨风量比估算矿井总需风量

在估算风量时，可根据矿井或坑口的生产规模，按式（7-1）计算。

$$Q = AB\ ,\ \mathrm{m^3/s} \tag{7-1}$$

式中 A——矿井或坑口的年产量，万吨/年；

B——万吨风量比，米^3/(秒·万吨)，参照表 7-5 选取。

表 7-5 万吨风量比

分 类	B/米^3·(秒·万吨)$^{-1}$
小型矿井	2.0~4.5
中型矿井	1.5~4.0
大型矿井	1.2~3.5
特大型矿井	1.0~2.5

万吨风量比受多种因素的综合影响，所以在选取时，也应综合考虑各种因素的影响：矿井机械化程度高、回采强度大时，取大值；矿体形态复杂，万吨采掘比大时，取大值；矿岩中含游离二氧化硅高时，取大值；矿井漏风大时，取大值；反之取小值。

2. 井巷断面风速校核

用井巷断面去除流过该井巷的风量，即得该井巷的风速。当该井巷的风速超过表 7-3 中所规定的井巷最高风速时，应当采用扩大井巷断面或用多井巷并联的方法来降低风速。

第三节 矿井风量计算

一、全矿总风量计算方法

全矿总风量可按下式计算：

$$Q_T = K_1 K_2(\Sigma Q_h + \Sigma Q_j + \Sigma Q_d + \Sigma Q_t) \tag{7-2}$$

式中 Q_T——矿井总风量，m^3/s；

Q_h——回采工作面（含备用回采工作面）所需风量，m^3/s；

Q_j——掘进工作面所需风量，m^3/s；

Q_d——要求独立风流通风的硐室所需的风量，m^3/s；

Q_t——其他工作面（如装卸矿点、喷锚支护工作面等）所需的风量，m^3/s；

K_1，K_2——外部漏风系数和内部漏风系数，一般矿井 $K_1 \cdot K_2 = 1.3 \sim 1.45$；地表没有崩落区时，$K_1K_2 = 1.25 \sim 1.40$，地表有崩落区时 $K_1K_2 = 1.35 \sim 1.50$，对于新建矿井，K_1、K_2 可按表 7-6 选取。

表 7-6　内、外部漏风系数

控制漏风难易程度	外部漏风系数 K_1	内部漏风系数 K_2
较易	1.10~1.20	1.05~1.15
一般	1.15~1.25	1.10~1.20
较难	1.20~1.30	1.15~1.25

1. 回采工作面所需风量的计算

(1) 按排除炮烟计算回采工作面需风量

1）巷道型作业面

$$Q_h = \frac{25.5}{t}\sqrt{AL_0S} \tag{7-3}$$

式中　t——通风时间，一般取 20~40min；

A——一次爆破的炸药量；

L_0——采场长度的一半；

S——回采工作面横断面积。

2）硐室型作业面

$$Q_h = 2.3\frac{V}{K_t \times t}\lg\frac{500A}{V} \tag{7-4}$$

式中　V——采场硐室体积，m^3；

K_t——紊流扩散系数。

说明：式（7-4）的适用条件为：

$$\begin{cases} V = 184A \\ L \leqslant 0.65l\left(1 + \dfrac{1}{2\alpha}\right) \end{cases} \tag{7-5}$$

式中　L——采场长度，m；

l——进风巷道壁到采场侧壁的距离，m，当两侧 l 不等时取大值；

α——风流结构系数，扁平型硐室取 0.1~0.5，非扁平型硐室取 0.06~1.0。

紊流扩散系数 K_t 先按式（7-6）计算 D_T 值，然后再从表 7-7 选取 K_t 值。

$$\begin{cases} \text{非扁平型硐室：} D_T = \dfrac{\alpha L}{\sqrt{S_0}} \\ \text{扁平型硐室：} D_T = \dfrac{\alpha L}{b_0} \end{cases} \tag{7-6}$$

式中　S_0——非扁平型硐室进风巷道断面，m^2；

b_0——扁平型硐室进风巷道宽度，m；

采场有多个进风巷道和回风巷道时，K_t 可取 0.8~1.0。

表 7-7 紊流扩散系数表

非扁平型硐室				扁平型硐室			
D_T	K_t	D_T	K_t	D_T	K_t	D_T	K_t
(0.280)	(0.262)	0.750	0.529	(0.100)	(0.032)	0.700	0.224
(0.308)	(0.276)	0.945	0.600	(0.200)	(0.064)	0.760	0.250
(0.336)	(0.278)	1.240	0.672	(0.300)	(0.094)	1.040	0.818
(0.376)	(0.300)	1.680	0.744	(0.350)	(0.112)	1.400	0.400
0.420	0.335	2.420	0.810	(0.400)	(0.128)	2.200	0.496
0.554	0.395	3.750	0.873	(0.500)	(0.160)	4.000	0.694
0.605	0.460	6.600	0.925	0.600	0.192	8.900	0.726

注：1. 表中带（ ）的数字为自由风流开始段的 K_t，其他为自由风流基本段 K_t；
2. 表中的风流结构系数，非扁平型硐室 $\alpha = 0.07$，扁平型硐室 $\alpha = 0.10$。

3）大爆破排烟通风。一般不需另行计算大爆破排烟所需风量，而是用改变通风线路和增加通风时间进行大爆破排烟。

（2）按排除粉尘计算风量

放炮过程中的正常通风的需风量，可按排除粉尘计算：

$$Q_h = Sv \tag{7-7}$$

式中 S——采场内作业地点的过风断面，m^2；

v——回采工作面要求的排尘风速。对于巷道型回采工作面，$v = 0.15 \sim 0.5m/s$（断面小且凿岩机多时取大值，反之取小值，但必须保证一个工作面的风量不能低于 $1m^3/s$。硐室型回采工作面，当 $S \leqslant 30 \sim 40m^2$ 时可取 $v = 0.15m/s$；当 $S > 30 \sim 40m^2$ 时，取 $v \geqslant 0.6m/s$，同时应用底柱加强作业地点的通风；耙矿巷道，取 $v = 0.5m/s$；对于无底柱崩落采矿法的进路通风，取 $v = 0.3 \sim 0.4$ m/s；其他巷道取 $v = 0.25m/s$）。

按以上方法计算风量，然后取其较大者作为该回采工作面的风量。

2. 掘进工作面风量

（1）按排出炮烟计算风量

1）压入式通风

$$Q_p = \frac{19}{t}\sqrt{AL_r S} \tag{7-8}$$

式中 Q_p——压入式通风所需风量，m^3/s；

t——通风时间，s；

A——一次爆破的炸药消耗量，kg；

L_r——巷道长度，m；

S——巷道断面积，m^2。

2）抽出式通风

$$Q_e = \frac{18}{t}\sqrt{ASL_0} \tag{7-9}$$

式中 Q_e——抽出式通风所需风量；

L_0——炮烟抛掷长度，m。

电雷管起爆时：

$$L_0 = 15 + \frac{A}{5} \tag{7-10}$$

3）混合式通风

$$Q_{mp} = \frac{19}{t}\sqrt{AL_W S} \tag{7-11}$$

$$Q_{me} = (1.2 \sim 1.25)Q_{mp} \tag{7-12}$$

式中 Q_{mp}——作压入式工作的局扇风量，m^3/s；

Q_{me}——作抽出式工作的局扇风量，m^3/s；

L_W——抽出式的吸入口到工作面的距离。

4）竖井掘进排烟风量。当井深在300m以内时，常用压入式通风，其压入式局扇风量为：

$$Q_j = \frac{7.8}{t}\sqrt{KAS^2Z^2} \tag{7-13}$$

式中 t——通风时间，s，一般取900~1800s；

S——井筒断面积，m^2；

Z——井筒深度，m；

K——井筒淋水系数，可查阅相关手册。

（2）按排出矿尘计算风量

$$Q_j = Sv \tag{7-14}$$

式中 v——排尘风速，掘进巷道一般取0.15~0.25m/s；

S——巷道断面积，m^2。

取以上两种方法计算风量较大者作为该掘进工作面的风量。

3. 要求独立风流通风的硐室所需的风量

（1）压气机硐室的风量

$$Q = 2.3\Sigma N, \quad m^3/min \tag{7-15}$$

式中 ΣN——硐室中所有电动机的功率之总和，kW。

（2）水泵或卷扬机硐室所需风量

$$Q = 0.46\Sigma N, \quad m^3/min \tag{7-16}$$

（3）破碎硐室及其他硐室风量。破碎硐室按所用的除尘吸风机选取，其他硐室需风量见表7-8。

表7-8 其他硐室需风量

硐室名称	需风量/$m^3 \cdot s^{-1}$	备注
充电及变电硐室	2.0~2.5	充电组在4组以下
充电及变电硐室	3.0~5.0	充电组在4组以上
电机车库	1.0~1.5	
炸药库	1.0~2.0	
机修硐室	1.5~2.0	
装卸矿硐室	1.5~2.0	
喷锚支护工作面	3.0~4.0	贯穿风流
喷锚支护工作面	4.0~5.0	独头工作面

4. 其他工作面所需的风量

根据实际所需风量计算。

将以上各项风量计算结果代入式（7-2）中，便可得全矿的总风量。

二、矿井总风量的分配

全矿总风量确定以后，应按各工作地点及硐室所需的风量进行分配。其分配方法是：

（1）入风段和回风段按自然分配。

（2）需风段按用风点需风量强制分风。

（3）井下炸药库、破碎硐室和主溜井的回风流直接引入总回风道中。

（4）矿井漏风按集中漏风考虑，一般情况下，压入式通风系统中，主要漏风在进风段；抽出式通风系统中，主要漏风地点在回风段。考虑到这种情况，故对压入式的漏风量仅在进风段考虑，对抽出式的漏风量仅在回风段考虑。

进行风量分配时，应将各作业地点及硐室的需风量标在通风系统立体图上，进而可推出流过各井巷的风量值，也标在该图上。漏风风路可用一条通大气的插入线来表示：压入式通风时，在进风段的终点上画一漏风风路引到大气；抽出式通风时，在回风段的始点画一漏风风路连通大气，使矿井风量平衡。

第四节 矿井通风总阻力计算

一、矿井通风总阻力计算原则

矿井通风总阻力计算原则为：

(1) 矿井通风的总阻力，不应超过2940Pa；

(2) 矿井井巷的局部阻力，新建矿井（包括扩建矿井独立通风的扩建区）宜按井巷摩擦阻力的10%计算，扩建矿井宜按井巷摩擦阻力的15%计算。

二、矿井通风总阻力计算

矿井通风总阻力是指风流由进风井口起，到回风井口止，沿一条通路（风流路线）各个分支的摩擦阻力和局部阻力的总和，简称矿井总阻力，用h_t表示。

对于有两台或多台主要扇风机工作的矿井，矿井通风阻力应按每台主要扇风机所服务的系统分别计算。

在主要扇风机整个服务期限内，随着回采工作面及采区接替的变化，矿井通风总阻力也将因之变化。为了使主要扇风机在整个服务期限内均能在合理的效率范围内运转，需要按照开拓开采布局和采掘工作面接替安排，对主要扇风机服务期限内不同时期的系统总阻力的变化进行分析。当根据风量和巷道参数（断面、长度等）直接判定出最大总阻力路线时，可按该路线的阻力计算矿井总阻力；当不能直接判定时，应选几条可能最大的路线进行计算比较，然后确定该时期的矿井总阻力。另外，还要考虑到自然风压的作用。

矿井通风系统总阻力最小时，称作通风容易时期；矿井通风系统总阻力最大时，称作通风困难时期。对于通风容易和通风困难时期，要分别画出通风系统图。按照采掘工作面及硐室的需要分配风量，再由各段风路的阻力计算矿井总阻力。

为便于计算和查验，可用表7-9的格式，沿着通风容易和通风困难时期的风流路线，依次计算各段摩擦阻力h_f，然后分别累计得出两时期的总摩擦阻力h_{fe}和h_{fd}，再乘以1.1（扩建矿井乘1.5）后，得两时期的矿井总阻力h_{te}和h_{td}。

表7-9 矿井通风阻力计算表

时期	巷道各段序号	巷道名称	支架形式	α /N·s²·m⁻⁴	L /m	U /m	S /m²	S^2 /m⁶	Q /m³·s⁻¹	Q^2 /m⁶·s⁻²	$H_{摩}$ /Pa
容易时期	1	主井	砼	—	—	—	—	—	—	—	—
	2	井底车场	锚喷	—	—	—	—	—	—	—	—
	—	—	—	—	—	—	—	—	—	—	—

$h_{fe} = \Sigma H_{摩} = \quad$ Pa

续表 7-9

时期	巷道各段序号	巷道名称	支架形式	α /N·s²·m⁻⁴	L /m	U /m	S /m²	S^2 /m⁶	Q /m³·s⁻¹	Q^2 /m⁶·s⁻²	$H_{摩}$ /Pa
困难时期	1	主井	砼	—	—	—	—	—	—	—	—
	2	井底车场	锚喷	—	—	—	—	—	—	—	—
	—	—	—	—	—	—	—	—	—	—	—
$h_{fd} = \Sigma H_{莫} =$ Pa											

注：α—摩擦阻力系数，N·s²/m⁴；L—巷道长度，m；U—巷道周长，m；S—巷道净断面面积，m²；Q—巷道通过风量，m³/s；H—巷道摩擦阻力，Pa。

第五节 矿井通风设备选择

一、扇风机的选择

（1）扇风机的风量 Q_f

$$Q_f = \rho Q_t \tag{7-17}$$

式中 ρ——扇风机装置的风量备用系数，一般取 $\rho = 1.1$；

Q_t——矿井要求的总风量，m³/s。

（2）扇风机的全压 H_f

$$H_f = h_t + H_n + h_r + h_v \tag{7-18}$$

式中 h_t——矿井总阻力，Pa；

H_n——与扇风机通风方向相反的自然风压，Pa，可由计算得到：

井深 $Z<100$m 时：$H_n = Z_1\gamma_1 - Z_2\gamma_2$

井深 $Z>100$m 时：$H_n = 0.465Kp_0Z\left(\frac{1}{T_1} - \frac{1}{T_2}\right)$

Z——井深，m；

γ_1，γ_2——进、回风井的平均空气重率，kg/m³；

T_1，T_2——空气温度，K；

p_0——井口气压，mm 汞柱；

h_r——扇风机装置阻力之和（包括扇风机风硐和扩散器的阻力），一般取 150~200Pa；

h_v——风流流到大气的出口动压损失，Pa。

（3）扇风机的选择。根据通风容易时期与困难时期所算出的两组 Q_f与 H_t数据，由风机样本选出风机。详见王英敏主编《矿井通风与安全》第六章。

二、预选电机

根据扇风机工况点的 H_t与 Q_f以及相应的效率 n_t计算扇风机的功率 N_f：

$$N_f = \frac{H_t Q_f}{102\eta_t} \tag{7-19}$$

电动机的功率按下式计算：

$$N_e = \frac{KH_t Q_f}{102\eta_t \cdot \eta_e} \tag{7-20}$$

式中　K——电动机备用系数，轴流式 K=1.1~1.2，离心式 K=1.2~1.3；

η_e ——电动机效率，η_e =0.9~0.95；

K，H_t，Q_f ——对应于通风困难时期的工况点的风压、风量和效率。

根据计算的电动机功率，在产品目录上选取合适的电动机。

第六节　矿 井 防 尘

国家《金属非金属矿山安全规程》（GB 16423—2006）对地下矿井的防尘措施也做了具体的规定：

（1）凿岩应采取湿式作业。缺水地区或湿式作业有困难的地点，应采取干式捕尘或其他有效防尘措施。

（2）湿式凿岩时，凿岩机的最小供水量，应满足凿岩除尘的要求。

（3）爆破后和装卸矿（岩）时，应进行喷雾洒水。凿岩、出碴前，应清洗工作面 10m 内的巷壁。进风道、人行道及运输巷道的岩壁，每季至少清洗一次。

（4）防尘用水，应采用集中供水方式，水质应符合卫生标准要求，水中固体悬浮物应不大于 150mg/L，pH 值应为 6.5~8.5。贮水池容量，应不小于一个班的耗水量。

（5）接尘作业人员应佩戴防尘口罩。防尘口罩的阻尘率应达到Ⅰ级标准要求（即对粒径不大于 5μm 的粉尘，阻尘率大于 99%）。

《金属非金属矿山安全规程》规定，入风井巷与采掘工作面的风源含尘量不得超过 0.5mg/m³。因此在进行矿井通风设计时，还要进行防尘设计：

（1）进风井口防尘。如入风流受到污染，要采取除尘措施，如安置净化装置净化入风流。

（2）溜井防尘。除喷雾洒水外，还要用通风、净化、密闭等多种方法将粉尘渡降至规程规定的要求。可用净化器净化，也可用局扇将污风引入回风道中或排出地表。

（3）凿岩防尘。主要采用湿式凿岩防尘。

（4）爆破防尘

1）采用水封爆破除尘；

2）采用风喷雾器除尘。

（5）出矿时的防尘。主要是采用喷雾洒水、除尘。

（6）破碎硐室防尘。采用喷雾洒水或综合措施除尘。

8 矿 井 排 水

第一节 设计任务与内容

一、设计任务

可靠的排水系统是确保地下开采矿山安全运行的重要工程，根据拟开采矿床的水文地质条件，依据《金属非金属矿山安全规程》（GB 16423—2006）的相关规定，设计矿井的排水系统，是采矿工程专业学生毕业设计中的一项重要任务。

矿井排水系统设计的任务是根据矿山的具体条件，在设计井底车场的同时，完成对排水系统的设计，在现有产品中对水泵机组及管路进行合理地选择，以保证安全、经济、可靠地运转。具体内容包括：

（1）确定矿井排水系统；

（2）选择排水设备及管路；

（3）设计水泵房、管子道、水仓、吸水井、配水巷等排水系统工程，并对排水设备设施进行布置；

（4）绘制矿井排水系统图。

在进行排水系统设计时，应收集以下原始资料：

（1）矿井同时开采阶段数，井口及各水平标高；

（2）各开采阶段的正常涌水量和最大涌水量，包括采矿生产用水和充填回水等；

（3）矿井水的性质；

（4）排水高度（最大高度与最小高度）；

（5）矿井生产能力。

二、设计内容

（一）毕业设计说明书

根据设计的具体内容，本章的标题为“矿井排水”，可分为5部分：

其一为“矿井排水系统选择”。主要描述设计矿井的水文地质情况和涌水量情况，并根据矿床开拓系统设计选择排水系统。

其二为“排水设备选型”。根据选择的排水系统和矿井的正常与最大涌水量，进行排水设备选型计算，确定排水设备与排水、吸水管路。

其三为“水泵硐室布置”。根据所选择的水泵机组，计算水泵硐室的断面与平面尺寸，并进行硐室布置和辅助工程设计，绘制硐室布置的断面图与平面图。

其四为“水仓设计”。依据《金属非金属矿山安全规程》的规定，根据矿井的正常与最大涌水量，设计水仓，绘制水仓平面与断面图。

（二）矿山通风系统图

结合井底车场布置，用 Auto CAD 绘制矿山排水系统平面图和排水系统展开剖面图，绘图比例为 1：1000 或 1：2000。

第二节 确定排水方式和排水系统的一般原则

一、排水方式

多阶段开拓的矿山，常见的排水方式可分为集中排水、接力排水和直接排水三种方式。

（1）集中排水系统：每个水平各自设置水泵房直接排水。该排水方式每个水平均需设置独立的回路，井筒内管道多，管理维修复杂，优点是互不干扰，每个阶段均有独立的排水系统，如图 8-1（a）所示。

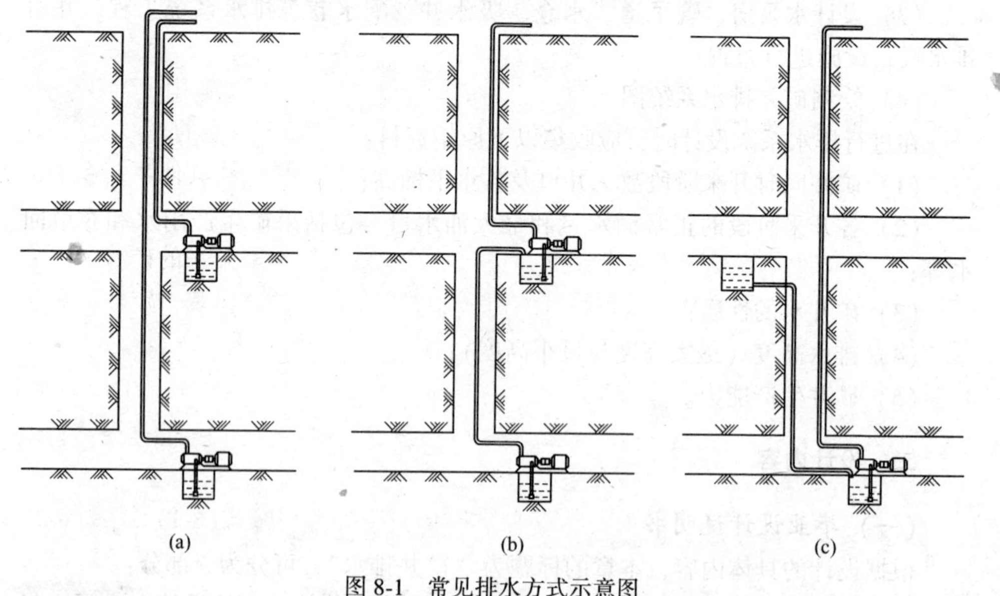

图 8-1 常见排水方式示意图

（2）接力排水系统：当下部涌水量小，上部涌水量大时，将下部的水排至上部水平，再由上部水平主泵房集中排至地表，如图 8-1（b）所示。

（3）直接排水系统：当下部涌水量大、上部涌水量小时，可将上部的水放至下部水平，集中用泵排至地表。该排水系统基建费用低，管路敷设简单，管理费用低。该排水方式在金属矿使用较多，布置时如遇可能有突然涌水的矿井，主水泵不应设在最低水平，如图 8-1（c）所示。

二、排水系统设计的一般原则

排水系统设计的一般原则为：

（1）在有条件的地方尽可能采用自流排水方式，没有自流排水条件时，采用机械排水方式。

（2）对于矿床规模大、涌水量大、走向长、井筒个数多，或矿区内水文地质、水质变化大的矿山，可根据具体情况，采取分区式排水系统。

（3）对于涌水量不大，或矿区范围小的矿井，可采取集中排水系统。

（4）在技术经济合理的前提下，排水系统应尽量简化。一般情况下，矿井排水应尽量采用直接排水方式；当矿井上部涌水量大、下部涌水量小时，也可采用接力排水方式。

（5）露天开采转为地下开采的防、排水设计，应考虑地下最大涌水量和因集中降雨引起的短历时最大迳流量。

第三节 排水设备选择计算

排水设备的选择与计算，必须满足国家《金属非金属矿山安全规程》（GB 16423—2006）的规定：井下主要排水设备，至少应由同类型的三台泵组成。工作水泵应能在 20h 内排出一昼夜的正常涌水量；除检修泵外，其他水泵应能在 20h 内排出一昼夜的最大涌水量。

若矿井的水文地质条件复杂、涌水量大时，或露天转地下开采的矿井，除按上述规定选择水泵数量外，可根据具体情况在主水泵房内预留安装一定数量水泵的位置，或另增设水泵。

一、水泵的选择与计算

1. 所需水泵排水能力 Q_B 计算

（1）矿井正常涌水条件下，所需水泵的排水能力 Q_B 可按式（8-1）或式（8-2）计算：

$$Q_B = \frac{Q_{正常}}{20} \tag{8-1}$$

$$Q_B = \frac{24 \times q_{正常}}{20} = 1.2q_{正常} \tag{8-2}$$

式中 $Q_{正常}$——矿井正常涌水量，m^3/d。

$q_{正常}$——单位矿井正常涌水量，m^3/h。

（2）矿井最大涌水条件下，所需水泵的排水能力 Q_{Bmax} 可按式(8-3) 或式(8-4) 计算：

$$Q_{Bmax} = \frac{Q_{max}}{20} \tag{8-3}$$

$$Q_{Bmax} = \frac{24 \times q_{max}}{20} = 1.2q_{max} \tag{8-4}$$

式中 Q_{max}——矿井正常涌水量，m^3/d；

q_{max}——单位矿井正常涌水量，m^3/h。

2. 水泵所需扬程 H_B 计算

通常，水泵所需扬程 H_B 可按式(8-5) 或式(8-6) 计算。

$$H_B = K(H_p + H_x) \tag{8-5}$$

$$H_B = \frac{H_p + H_x}{\eta_x} \tag{8-6}$$

式中 K——水泵扬程损失系数：竖井时，$K=1.1$，斜井时，$K=1.2\sim1.35$，斜井倾角越大，K 值越小；

η_x——管路效率，与水泵扬程损失系数 K 呈倒数关系；

H_p——水泵轴中心至排水管在地表排放口的高度，m；

H_x——水泵吸程，m，当采用吸入式泵房时，$H_x=5.5$；采用压入式（或潜没式）泵房时，$H_x=0$。

3. 水泵型号及数量确定

（1）水泵级数的确定。根据水泵所需扬程 H_B 的计算结果，可采用式(8-7) 计算多级水泵的级数 i，计算结果要按只进不舍的原则取整。

$$i = \frac{H_B}{H_i} \tag{8-7}$$

式中 H_i——单级水泵的额定扬程，m。

（2）水泵型号的选择。根据计算的工作水泵排水能力，初选水泵。从水泵产品目录中选取合适的水泵。最好是一台水泵就能达到所需的排水能力。

在满足要求的各型水泵中，优先选择工作可靠、性能良好、体积小、质量轻、能耗低、效率高且价格便宜的产品。若矿井水的 pH 值小于 5 时，还应注意选择耐酸泵。

(3) 水泵数量确定。水泵数量确定需按工作水泵、备用水泵和检修水泵三种情况分别计算。

工作水泵台数 n_1：

$$n_1 = \frac{Q_{正常}}{Q_e} \tag{8-8}$$

备用水泵台数 n_2应满足式 (8-9) 计算结果的较大值，并取整：

$$\begin{cases} n_2 \geqslant 0.7n_1 \\ n_2 = \dfrac{Q_{max}}{Q_e} - n_1 \end{cases} \tag{8-9}$$

检修水泵台数 n_3：

$$n_3 \geqslant 0.25n_1 \tag{8-10}$$

所需水泵的总数量 n：

$$n = n_1 + n_2 + n_3 \tag{8-11}$$

二、排水管路选择

1. 管路趟数及泵房内管路布置形式

国家《金属非金属矿山安全规程》(GB 16423—2006) 还对排水管路的数量做了明确的规定：井筒内应装设两条相同的排水管，其中一条工作，一条备用。

管路在泵房内的布置形式应根据水泵台数和所选管路的趟数确定。图 8-2 为常见矿井排水管路在泵房内布置示意图。图 8-2 (a) 为三台水泵两趟管路的布置方式，图 8-2 (b) 为四台水泵三趟管路布置方式。另外，也有五台泵三趟或四趟管路的布置方式等。但不论采用哪种布置方式，都应使任意一台水泵能够采用任何一趟管路排水。

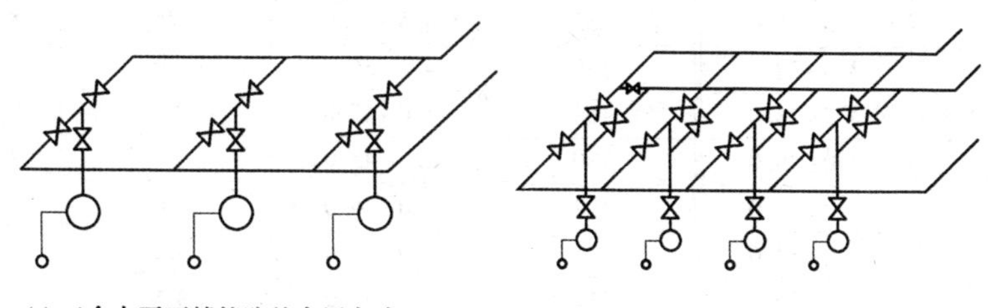

(a) 三台水泵两趟管路的布置方式　　(b) 四台水泵三趟管路布置方式

图 8-2　常见矿井排水管路在泵房内布置示意图

当采用三泵两趟管路系统时，一条管路工作，一条管路备用。正常涌水时，一台泵向一趟管路供水；最大涌水时，只需要两台泵同时工作，就能达到 20h 内排出24h的最大涌水量。

当采用四泵三趟管路系统时，两条管路工作，一条管路备用。正常涌水时，两台泵向两趟管路供水；最大涌水时，只需要三台泵同时工作就能达到20h内排出24h的最大涌水量，故从减少能耗的角度考虑，可采用三台泵向三趟管路供水，从而可知每趟管路内流量 Q_e 等于泵的流量。

若采用两泵向一趟管路供水时，管路直径须满足排水管内的流速在经济流速范围以内。

2. 管材的选择

一般情况下，矿井排水管路多采用无缝钢管，主要依据管路的承压大小来确定。管路承压大小与井深成正比。当排水高度小于200m时，可选用管壁较薄的一种，管壁承压强度不需要校验；当排水高度大于200m时，可选用较厚的管壁，且应对管壁承压强度进行校验。

(1) 排水管内径。管径一般按经济流速进行选择。生产实践中，管路直径越大，损失越小，但用于管路的投资费用越高；管路直径越小，损失越大，但用于管路的投资费用越低。一般来讲，选择的管路直径，能使工况运行在额定工况为好。但是，考虑到管路运行后的积垢使管径缩小等问题，管径最好选大些。设计时还应注意电机过载和吸水高度问题。

排水管内径采用下式计算：

$$d_p' = \sqrt{\frac{4Q_{正常}}{3600\pi v_p}} = 0.0188\sqrt{\frac{Q_{正常}}{v_p}} \tag{8-12}$$

式中，v_p 为排水管内的流速，通常取经济流速 $v_p = 1.5 \sim 2.2$ m/s 来计算；$Q_{正常}$ 为矿井正常涌水量，m^3/d。然后，根据计算出的 d_p' 值，查表8-1，初选排水管内径 d_p。

表8-1 热轧无缝钢管（YB231—70）

外径/mm	壁厚/mm	外径/mm	壁厚/mm	外径/mm	壁厚/mm
89	3.5~24.0	146	4.5~36.0	273	7.0~50.0
95	3.5~24.0	152	4.5~36.0	299	8.0~75.0
102	3.5~28.0	159	4.5~36.0	325	8.0~75.0
108	3.5~28.0	168	5.0~45.0	351	8.0~75.0
114	4.0~28.0	180	5.0~45.0	377	9.0~75.0
121	4.0~32.0	194	5.0~45.0	402	9.0~75.0
127	4.0~32.0	203	6.0~50.0	426	9.0~75.0
133	4.0~32.0	219	6.0~50.0	459	9.0~75.0
140	4.5~36.0	245	7.0~50.0	480	9.0~75.0
常用壁厚尺寸系列	2.5 3.0 3.5 4.0 4.5 5.0 5.5 6.0 6.5 7.0 7.5 8.0 8.5 9.0 9.5 10 11 12 13 14 15 16 17 18 19 20 22 25 28 30 32 36 40 50 56 60 63 70 75				

（2）验算壁厚。由于排水管不但要承受较大的排水压力，同时还要承受水泵停止运行时的“水锤”作用力，因此，管路壁厚 δ 要采用下式进行验算：

$$\delta \geqslant 0.5d_p\left(\sqrt{\frac{\sigma_x + 0.4p}{\sigma_x - 1.3p}} - 1\right) + C, \text{ mm} \tag{8-13}$$

式中　d_p——所选管路标准内径，mm；

σ_x——管材许用应力，无缝钢管 $\sigma_x = 80\text{MPa}$；

p——管内水压，MPa，需考虑流动损失，一般地，$p = 0.011H_B$；

C——管路附加厚度，对于无缝钢管，取 $C = 1 \sim 2\text{mm}$。

壁厚验算结束后，要明确指出最终确定的管路规格型号。

三、吸水管选择

通常情况下，吸水管内径要大于排水管内径。因此，水泵吸水管路选择时，根据已选定的排水管内径，来选择吸水管管径。吸水管壁厚（一般选 5~9mm）不需要进行验算，但需对其管路内的水流速度进行验算，保证所选管路内的流速符合经济流速 v_p。

吸水管内的流速 v_x 可采用式（8-14）进行验算。

$$v_x = \frac{Q_{正常}}{3600 \times \frac{\pi}{4}d_x}, \text{ mm/s} \tag{8-14}$$

式中，d_x 为待选吸水管标准内径，mm；$Q_{正常}$为矿井正常涌水量，m^3/d。

计算出待选吸水管内的流速 v_x 后，要与经济流速 v_p 进行比较，看其是否满足经济流速要求。如满足，则 d_x 即为所选吸水管内径；若不满足，则需重新选择。

第四节　确定水泵房形式及水泵房平面布置

一、主排水泵房的一般布置原则

矿井主水泵房由泵房主体硐室、配水巷、管子道及通道组成。根据国家《金属非金属矿山安全规程》（GB 16423—2006）和《冶金矿山采矿设计规范》（GB 50830—2013）的相关规定，矿井主排水泵房的布置需满足以下原则：

（1）主排水泵房的出口应不少于两个，其中一个通往井底车场，其出口应装设防水门；另一个用斜巷与井筒连通，斜巷上口应高出泵房地面标高

7m以上。泵房地面标高，应高出其入口处巷道底板标高0.5m（潜没式泵房除外）。

（2）主排水泵房应靠近井筒敷设排水管路的一侧，其间距不小于20m，并应与井下中央变电硐室毗邻。

（3）泵房内水泵宜单排布置，通道宽度应满足生产、维修及抽出水泵主轴和电机转子的需要。

（4）泵房内应设起重梁设施。

（5）泵站出口应设置栅栏门，通往井筒出口的栅栏门应向内开。当矿井采用轨道运输时，通往井筒和井底车场的通道内应铺设轨道，转运通道的宽度应使转运最大设备时两侧的间隙均不小于150mm。转运通道的转向处应设置转运设施。

（6）所有泵站地坪均应有流向吸水井一侧不小于3‰的坡度。

二、主排水泵房的尺寸计算

1. 水泵房的净长度

水泵房的净长度采用下式计算：

$$L = n \times L_i + A(n + 1) \tag{8-15}$$

式中 n——水泵台数，台；

L_i——水泵机组（包括电动机）的总长度，m；

A——两水泵机组之间的净空距离，m，一般取1.5~2.0m，但应大于电机转子的长度，以满足电机转子能够抽出的要求。

根据式（8-15）计算出的水泵房长度L，再加上2倍的泵房支护厚度，即为水泵房的掘进长度。

2. 水泵房的净宽度

水泵房的净宽度B采用下式计算：

$$\left.\begin{aligned}&\text{水泵单排布置时：} B = b_1 + b_2 + b_3\\&\text{水泵双排布置时：} B = 2b_1 + b + 2b_3\end{aligned}\right\} \tag{8-16}$$

式中 b——两排水泵之间的净距，以通过泵房内最大设备（水泵、电机、平板车）为原则，一般为1.5~2.0m；

b_1——水泵基础宽度，m；

b_2——水泵基础边到轨道一侧墙壁的距离，以通过泵房内最大设备（水泵、电机、平板车）为原则，一般为1.5~2.0m；

b_3——水泵基础边到吸水井一侧墙壁的距离，一般为0.8~1.0m，并不应小于0.7m。

3. 水泵房的高度

水泵房高度应满足检修时起重的要求，一般为3.0~4.5m。水泵房地坪至起重梁底面或起重机轨面的高度可按下列公式计算，并应取其大者：

$$H_{qg} \geq h_j + h_b + h_{dg} + h_{zf} + h_n + h_{st} + (n_c - 0.5) \times h_{fl} + h_g \tag{8-17}$$

$$H_{qg} \geq h_j + h_{\Delta} + h_{dj} + h_{sh} + h_g \tag{8-18}$$

$$h_{sh} = k \times B_{dj} \tag{8-19}$$

式中　H_{qg}——水泵房地坪至起重梁底面或起重机轨面高度，m；

h_j——水泵基础顶面至泵站地坪高度，m；

h_{dg}——短管长度（如果需要），m；

h_{zf}——闸阀高度，m；

h_n——止回阀高度或多功能水泵控制阀高度，m；

h_{st}——三通高度，m；

h_{fl}——法兰直径，m；

n_c——水泵房干管层数；

h_{Δ}——设备吊离基础的高度，m，（$h_{\Delta}+h_j$）不小于平板车的高度；

h_{dj}——大件（水泵、电动机）中的最大高度，m；

B_{dj}——大件（水泵、电动机）中的最大宽度，m；

k——系数，起吊水泵可取 0.8，起吊电动机可取 1.2。

4. 水泵房的断面形状确定

一般情况下，水泵房的断面形状多采用三心拱、半圆拱或切圆拱。为了保证最大限度地利用水泵房的空间和减少泵房掘进工程量，在工程围岩条件允许时，应尽量增加硐室墙高而降低拱高。

5. 水泵基础尺寸计算

水泵基础的长度 l_1 和宽度 b_1 应分别比水泵底座最大外形尺寸大 200mm，基础顶面应高出水泵房地面高度 0.15~0.30m，一般取 0.20m。

基础总厚度 H_j 可按式（8-20）和式（8-21）计算，并应取其大者：

$$H_j \geq h_0 + h_1 + h_2 + h_3 \tag{8-20}$$

$$H_j \geq \frac{(2.0 \sim 2.5) \times G}{\gamma_c \times l_1 \times b_1} \tag{8-21}$$

式中　h_0——地脚螺栓一次埋入长度，mm，带弯钩地脚螺栓不应小于 $20d-h_1$，带锚板地脚螺栓不应小于 $15d-h_1$；

d——地脚螺栓直径，mm；

h_1——二次灌浆层厚度，mm，不小于 25mm，不大于 100mm，并以微膨胀混凝土填充密实；

h_2——地脚螺栓底至预留孔底的距离，mm，不应小于 100mm；

h_3——预留孔底至基础底面的距离，mm，不应小于 100mm；

G——水泵机组（包括水泵、电机和底座等）总重量，kN；

l_1——基础长度，mm；

b_1——基础宽度，mm；

γ_c——混凝土重度，kN/m^3，可取22~24 kN/m^3。

三、水泵房相关硐室

1. 吸水井、配水巷和配水井

(1) 配水井。根据配水井上部硐室安设配水闸阀的要求，一般配水井的尺寸是平行配水巷方向长2.5~3.0m，取3m；垂直配水巷方向宽为2.0~2.5m，取2.5m，深度5~6m，考虑吸程，取5.5m；配水井上方壁高为1.8~2.2m，取1.8m，采用拱形或顶部配钢梁的矩形断面。配水井井底底板标高应低于水仓底板标高1.5m。

(2) 配水巷。配水巷位于吸水井一侧，通过溢水管与配水井和吸水井相连。为了便于施工和清理，配水巷断面为宽1.0~1.2m，高1.8m的半圆拱形，其底板标高高于配水井1.5m，取净宽1.1m，净高1.8m。

(3) 吸水井。吸水井位于主体硐室靠近水仓一侧，净径为1.0~1.2m，深5~6m，取净径1.2m，深6m。吸水井上方壁高为1.8~2.2m，取1.8m，采用拱形或顶部配钢梁的矩形断面。吸水井井底底板标高应比配水井底板标高低0.5m。

2. 管子斜道

(1) 管子斜道下口与泵房硐室相连，上口与副井井筒相连。管子斜道与井筒连接处设2m长的平台。该平台底板与井筒中梯子平台的高度一致，比井底车场轨面高7~10m左右。

(2) 管子斜道的坡度一般为30°左右。

(3) 管子道内，除安装排水管路外，还应设有行人台阶并考虑铺设轨道。管子道的断面形状可选择三心拱，其断面尺寸应满足紧急情况下通过水泵、电动机等设备的要求。

3. 泵房通道

泵房通道是连接主排水泵房与井底车场的巷道，断面一般采用三心拱。泵房通道内沿巷道中心线铺设轨道，轨道两端分别通过转盘与井底车场空车线的轨道和泵房内的轨道相连，以便于泵房内设备材料运输。

泵房通道的断面尺寸B_0、H_0根据通过最大设备的外形尺寸来确定。分别采用下式计算：

$$B_0 \geqslant B_1 + 2 \times 300 \tag{8-22}$$

式中 B_1——通道内通过的宽度最大的设备宽度，mm；

$$H_0 \geqslant h_0 + h_1 + h_2,\ \mathrm{mm} \tag{8-23}$$

式中 h_0——通道拱高，mm；

h_1——材料（平板）车高度，mm；

h_2——通道内通过的高度最大的设备高度，mm。

第五节　水 仓 设 计

一、水仓布置的一般规定

国家《金属非金属矿山安全规程》（GB 16423—2006）规定：水仓应由两个独立的巷道系统组成。涌水量较大的矿井，每个水仓的容积，应能容纳 2～4h 的井下正常涌水量。一般矿井主要水仓总容积，应能容纳 6～8h 的正常涌水量。水仓进水口应有箅子。采用水沙充填和水力采矿的矿井，水进入水仓之前，应先经过沉淀池。水沟、沉淀池和水仓中的淤泥，应定期清理。

水仓的设计与布置除满足《金属非金属矿山安全规程》的规定外，还需满足下列规定和要求：

（1）水仓的布置方式一般与井底车场设计同时确定。水仓入口一般设在车场或大巷的最低点，水仓的顶板标高不高于水仓入口水沟底板。

（2）泥沙大的矿井，或是采用充填法采矿的矿山，水仓入口前应设沉淀池，以减少进入水仓的泥沙量，同时，在设计中考虑采用机械清理水仓方式。

（3）设沉淀池的水仓，根据沉淀、清理和备用的需要，每条水仓可设两个沉淀池，并使其串联布置，以提高泥沙沉淀效果。

（4）从便于施工和清泥的角度考虑，水仓布置要尽量减少弯道数量，并且根据水仓施工和清泥时所采用的施工设备需要，弯道的半径可取 8～12m。

二、水仓的布置方式

水仓的布置方式分单侧布置方式和双侧布置方式两种，如图 8-3 所示。根据水仓与井底车场的连接关系，水仓单侧布置方式又分为与车场巷道直接连通和与车场巷道通过给水巷连接两种方式，如图 8-3（b）和图 8-3（c）所示。泥沙大的矿井，采用图 8-3（c）所示的水仓布置方式更有利于设计与布置沉淀池。

三、水仓容积、长度和断面尺寸的确定

1. 水仓有效容积

根据《金属非金属矿山安全规程》的相关规定，水仓有效容积按下式确定：

$$V=(6\sim8)\times\frac{Q_{正常}+Q_{洒}+Q_{充}}{K},\ \mathrm{m^3} \tag{8-24}$$

式中　$Q_{正常}$——矿井正常涌水量，m^3/d；

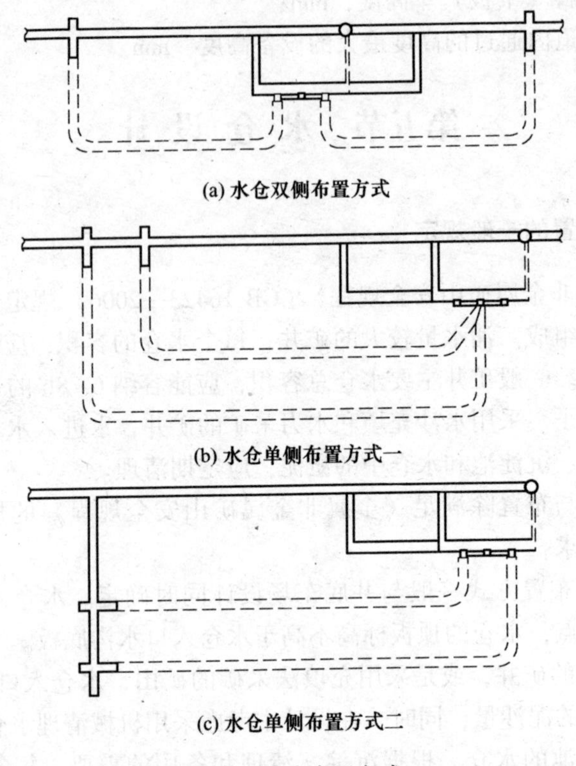
(a) 水仓双侧布置方式

(b) 水仓单侧布置方式一

(c) 水仓单侧布置方式二

图 8-3 水仓布置方式

$Q_{洒}$——通风防尘、洒水降尘及其他井下用水量，m^3/h；

$Q_{充}$——充填法采矿时井下最大充填回水量，m^3/h；

K——水仓容积有效利用系数，$K=0.75 \sim 0.85$。

对于涌水量大的矿山、有较厚覆盖层的露天转地下矿山，水仓的有效容积还要采用下式进行容积验证：

$$V \geqslant \frac{2 \times Q_{max}}{K} \tag{8-25}$$

若矿山所在地供电紧张，或是矿山企业为充分利用平峰谷电价差来降低排水费用时，水仓的有效容积可比式（8-25）计算的容积增大 1.5 倍，并在用电高峰之前将水仓积水全部排出。用电高峰期停止排水，直到用电谷峰期来临时开始排水。在这种情况下，排水设备选型时要考虑适当增大单台水泵的排水能力。

2. 水仓长度

根据确定的水仓有效容积 V，水仓的总长度 L 采用下式计算：

$$L = \frac{V}{S} \tag{8-26}$$

式中　S——水仓的断面面积，m^2。

3. 水仓断面

水仓断面尺寸应根据其容积、围岩条件、布置方式和清仓设备的需要确定，并应使水仓顶板标高不高于水仓入口处水沟底板标高。一般情况下，水仓断面形状采用三心拱，面积取 $5\sim8m^2$。

为缩短水仓长度，应适当增大水仓断面。水仓断面增大时，应以增大水仓宽度为主。

9 矿井动力供应

第一节　设计任务与内容

一、设计任务

压缩空气与电力是金属矿床地下开采的两大动力源，压气供应与电力供应是采矿工程专业学生必须了解和熟悉的内容。设计中，学生应通过文字对压气与电力的供应方式进行描述，并能够进行压气总需求用量、空压机选型与供风主管路的选择计算。

二、设计内容

（一）毕业设计说明书

根据设计的具体内容，本章的标题为“压气与电力供应”，可分为2部分：

其一为“压气供应”。压缩空气是各种气动工具的动力源。学生需按照本章第二节给出的方法计算井下压气总需求用量、进行空压机选型与供风主管路选择计算，并描述压气是如何到达用气工作面的。

其二为“电力供应”。学生需严格按照本章第三节所列的国家《金属非金属矿山安全规程》（GB 16423—2006）的相关规定，描述井下电力的来源与电压等级，井筒中的动力电缆布置与回数，井下主变电所的设计简况，井下主要用电设备（如水泵、破碎机等）的功率和电压等级，井下其他生产用电（如运输、照明等）的电压等级，各阶段的供电方式和电缆敷设方式等。

（二）注意的问题

（1）井下主变电所的设计应与主泵房一同完成。

（2）供电设计时，除遵守国家现行安全生产规程外，也需遵守国家现行电力设计规范。

第二节　压 气 供 应

一、压气设备选择

（一）全矿最大耗气量计算

（1）统计气动工具耗气量。对采掘作业和装卸矿全部在用（计划合用）气动工具的数量及单个耗气量进行统计。表9-1列出了金属矿山常用气动工具的耗气量。

表9-1 金属矿山常用气动工具耗气量

气动工具名称	型 号	使用气压 /MPa	使用水压 /MPa	耗气量 /$m^3 \cdot min^{-1}$
凿岩机	YSP45	0.5	0.3~0.4	<0.7
	YT-24	0.5	0.3~0.4	<2.9
	YT-27	0.5	0.3~0.4	<3.3
	7655	0.63	0.2~0.3	<4.8
	YG-90	0.5~0.7	0.4~0.6	9
	YGZ-90	0.5~0.7	0.4~0.6	11
	YQ-100B	0.5~0.7	0.8~1.0	10~12
凿岩台车	CZ-301	0.5		5
井下凿岩台架	FJZ-25A	0.5		1.25
	FJY-25A	0.5		1.7
风镐	03-11	0.4		1
轨道式气动凿岩机	ZQ-26	0.5~0.7		12
	ZCQ-1	0.35~0.55		4.8~9.5
轮胎式气动凿岩机	ZYQ-12G	0.5~0.7		5
	ZYQ-14G	0.5~0.7		7~9
开井气动设备	TG-2 吊罐	0.6		7
	PG-2 爬罐	0.6		7~14
气动绞车	JFH-1/24	0.6		6
其他气动设备	HPH5 混凝土喷射机	0.35		10
	PZS3000 混凝土湿喷机	0.4~0.5		3~4
	FSX-00 碎石机	0.5		17.4

（2）全矿最大耗气量

$$Q_{\max} = 1.06 K_G K_L K_X K_T \sum_{i=1}^{n} K_m n_i q_i \tag{9-1}$$

式中 $Q_{\max}$——全矿最大耗气量，m^3/min；

K_G——高原修正系数，可通过查相关手册中的表获得，或通过式(9-2)计算获得：

$$K_G = \frac{p_0 T_H}{T_0 p_H} K_C \tag{9-2}$$

p_0 ——空压机标准工况的大气压力，0.1MPa；

T_0 ——空压机标准工况的大气温度，293.15K；

T_H，p_H ——分别为空压机安装地点的历年气温度最高月份的平均温度（K）和平均大气压力（MPa）；也可按式（9-3）和式（9-4）计算：

$$T_H = \begin{cases} 278.15 - 0.0065H & \text{(在北纬 45° 附近，西北地区加 5K)} \\ 286.35 - 0.0063H & \text{(在北纬 35° 附近，西北地区加 5K)} \\ 293.95 - 0.0060H & \text{(在北纬 25° 附近，西南地区加 5K)} \end{cases} \tag{9-3}$$

$$p_H = \begin{cases} 0.10166\left(1 - \dfrac{H}{42792}\right)^{5.256} & \text{(在北纬 45° 附近)} \\ 0.10171\left(1 - \dfrac{H}{42792}\right)^{5.423} & \text{(在北纬 35° 附近)} \\ 0.10144\left(1 - \dfrac{H}{42792}\right)^{5.694} & \text{(在北纬 25° 附近)} \end{cases} \tag{9-4}$$

H ——海拔标高，m；

K_C ——空压机与气动工具的容积排量和出力下降的系数，$K_C = C^{\frac{H}{500}}$；

C ——标高每增加 1000m 时，容积排量和出力下降的系数，中型风冷空压机时取 1.021，大型水冷往复式空压机取 1.015，喷油螺杆空压机取 1.006，大型水冷螺杆空压机取 1.003；

K_L ——管网漏气系数，参见表 9-2；

K_X ——考虑吸气管、过滤器、消声器等阻力引起的压缩机生产能力下降的系数，取 1.01；

K_m ——气动工具磨损系数，凿岩机取 1.15，其他取 1.10；

K_T ——气动工具同时工作系数，参见表 9-3 或按式（9-5）计算：

$$K_T = K_Z + \frac{1 - K_Z}{\sqrt[3]{N}} \tag{9-5}$$

N ——气动工具总工作台数；

K_Z ——气动工具时间利用系数的加权平均值，按下式计算：

$$K_Z = \frac{\sum_{i=1}^{n} n_i q_i K_{Zi}}{\sum_{i=1}^{n} n_i q_i} \tag{9-6}$$

n_i ——第 i 种气动工具的工作台数；

K_{Zi} ——第 i 种气动工具的时间利用系数，参见表 9-4。

表 9-2 管网漏气系数

管网总长度/km	<1.0	1.0~2.0	>2.0
漏气系数 K_L	1.10	1.15	1.20

表 9-3 气动工具同时工作系数

风动工具类型	台数/台			
	≤10	11~30	31~60	≥61
凿岩机	1~0.87	0.86~0.83	0.82~0.81	0.80
装岩机	1~0.65	0.64~0.56	0.55~0.52	0.51
装运机	1~0.84	0.83~0.80	0.69~0.78	0.77
气动绞车	1~0.60	0.59~0.49	0.48~0.44	0.43
气动闸门	1~0.60	0.59~0.49	0.48~0.44	0.43
锻钎机	1~0.76	0.75~0.69	0.68~0.66	0.65

表 9-4 气动工具时间利用系数

气动工具/km	凿岩机	装岩机	装运机	气动绞车	气动闸门	锻钎机
时间利用系数 K_{Zi}	0.7~0.8	0.3~0.4	0.65~0.75	0.2~0.3	0.2~0.3	0.4~0.7

（二）压气设备选择

1. 选择原则

（1）以全矿最大耗气量 Q_{max} 作为计算供气量，按用气负荷分布和供气量大小确定空压机型号的台数；

（2）压气站内一般选用同一型号、同一厂家的产品，并兼顾基建与生产的延续使用；

（3）站内空压机台数一般为 3~5 台，不宜超过 6 台。备用台数按大于供气量的 20%~30%，但不得少于 1 台；

（4）站内应设油水分离装置，用以回收利用废油，防止环境污染。

2. 空压机选型

目前，常用空压机有往复式活塞型空压机、回转式螺杆型空压机、滑片型空压机和离心式空压机等。从其可移动性方面，又分为固定式和移动式两类。

空压机选型可根据上述空压机的不同特点，按空压机选型的原则进行选型。

二、空压机站选址

1. 地面空压机站

(1) 地下开采的矿山，空压机站房应在地面集中布置，并尽可能靠近副井井口，以缩短管路长度，减少损失。

(2) 避免靠近散发可燃、腐蚀性、有毒气体以及粉尘等有毒有害物质的场所。应选在空气清新、通风良好并位于上述场所主导风向的上风侧；与废石场、烟囱、回风井的距离不小于150m。

(3) 空压机站房宜设计成独立建筑，冷却水构筑物一般设在与其相邻的高地上，高于站房15m左右；

(4) 空压机站房应使机器间有良好的穿堂风，尽量避免西晒，站房正面宜朝夏季的主导风向。

地面空压机站房的配置可参见《采矿设计手册》第四卷P552-554。

2. 井下空压机站

(1) 井下空压机站位置选择应尽量靠近用气点附近，并布置在设备搬动方便、新鲜风流畅通的进风巷道中，硐室内不得有滴水，禁止设集油坑，室温不越过30℃。

(2) 井下空压机站由主硐室、附属硐室和通道组成。主硐室内设空气压缩机、电机、冷却装置、水泵、风机等设备；附属硐室分别设贮气罐、变配电设备等。主硐室与附属硐室之间有通道相连。

(3) 硐室尺寸由计算确定。同一硐室内20m³/min以上的空压机安装台数不超过3台。

井下空压机站房的配置可参见《采矿设计手册》第四卷P555。

三、压气管网

压气管网的计算首先要拟出管网系统，标明各段管长及压气流量；然后逐段计算管径及阻力损失。从空压机站至最远供气点的压力损失不得超过0.1MPa，否则应调整预选的管路直径。

(1) 压气管内径计算

$$d = 146\sqrt{\frac{Q_1}{v}} \tag{9-7}$$

式中 d——压气管内径，mm；

v——压气管内压缩空气流速，一般为5~10mm；

Q_1——平均压力 p_1 状态下，压缩空气流量m³/min。

$$Q_1 = \frac{Q_0 p_0}{p_1} \tag{9-8}$$

式中　Q_0——常温（20℃）常压（0.1MPa）下管道计算流量，m^3/min；

p_0——吸气状态的大气压，MPa；

p_1——压气管道内空气的平均压力，一般为0.5~0.9MPa。

若 $p_1 = 0.7MPa$，时 $v = 8m/s$ 时，压气管内径可用下式近似求出。

$$d = 20\sqrt{Q} \tag{9-9}$$

式中　Q——管内自由空气流量，m^3/min。

（2）压力损失

$$\Delta P_i = 10^{-6} \frac{K l_i}{d_i^5} Q_i^{1.85} \tag{9-10}$$

式中　ΔP_i——第 i 段压气管的阻力损失，Pa；

l_i——第 i 段压气管的长度，m；

K——考虑第 i 段压气管上管件的局部阻力系数，取1.10~1.20；

d_i——第 i 段压气管的内径，m；

Q_i——第 i 段压气管的计算流量（自由状态），m^3/min。

四、空压机能耗计算

空压机年耗电量为

$$E_y = K \frac{NtR}{\eta_1 \eta_2 \eta_3}(0.8K_F + 0.2) \tag{9-11}$$

式中　E_y——空压机年耗电量，kWh；

K——辅助用电系数，取1.05~1.10；

N——空压机轴功率，kW；

t——空压机日工作时间，取21h；

R——空压机年工作天数；

K_F——空压机负荷系数，即所需用气量与空压机最大压气量之比；

η_1——电动机效率，取0.885~0.87；

η_2——传动效率，直联取1，三角皮带传动取0.95；

η_3——电网效率，取0.95~0.98。

空压机站年能耗为其工作空压机的年电耗之和。

第三节　电力供应

国家《金属非金属矿山安全规程》（GB 16423—2006）对矿山井下供电做了

明确的规定，学生在毕业设计时应严格遵守。具体如下：

一、井下供电

（1）井下各级配电标称电压，应遵守：高压网络的配电电压，不超过10kV；低压网络的配电电压，应不超过1140V；照明电压，运输巷道、井底车场应不超过220V；采掘工作面、出矿巷道、天井和天井至回采工作面之间，应不超过36V；行灯电压应不超过36V；手持式电气设备电压应不超过127V；电机车牵引网络电压，采用交流电源时，应不超过380V；采用直流电源时，应不超过550V。

（2）由地面到井下中央变电所或主排水泵房的电源电缆，至少应敷设两条独立线路，并应引自地面主变电所的不同母线段。其中任何一条线路停止供电时，其余线路的供电能力应能担负全部负荷。无淹没危险的小型矿山，可不受此限。

（3）井下电气设备不应接零。井下应采用矿用变压器，若用普通变压器，其中性点不应直接接地，变压器二次侧的中性点不应引出载流中性线（N线）。地面中性点直接接地的变压器或发电机，不应用于向井下供电。

架线式电机车整流装置的专用变压器，视其作业要求而定。

（4）向井下供电的断路器和井下中央变配电所各回路断路器，不应装设自动重合闸装置。

（5）引至采掘工作面的电源线，应装设具有明显断开点的隔离电器。从采掘工作面的人工工作点至装设隔离电器处，同一水平上的距离不宜大于50m。

（6）有自燃发火倾向及可燃物多、火灾危险较大的地下矿山，不应采用在发生接地故障后仍带电继续运行的工作方式，而应迅速切断故障回路。

二、电气线路

（1）水平巷道或倾角45°以下的巷道，应使用钢带铠装电缆。竖井或倾角大于45°的巷道，应使用钢丝铠装电缆。移动式电力线路，应采用井下矿用橡套电缆。

井下信号和控制用线路，应使用铠装电缆。井下固定敷设的照明电缆，如有机械损伤可能，应采用钢带铠装电缆。

（2）敷设在硐室或木支护巷道中的电缆，应选用塑料护套钢带（或钢丝）铠装电缆。

（3）敷设在竖井内的电缆，应和竖井深度相一致，中间不准有接头。如竖井太深，应将电缆接头部分设置在中段水平巷道内。

（4）在钻孔中敷设电缆，应将电缆紧固在钢丝绳上。钻孔不稳固时，应敷设保护套管。

(5) 必须在水平巷道的个别地段沿地面敷设电缆时，应用铁质或非可燃性材料覆盖。不应用木材覆盖电缆沟，不应在排水沟中敷设电缆。

(6) 敷设井下电缆，应符合下列规定：

1) 在水平巷道或倾角45°以下的巷道内，电缆悬挂高度和位置，应使电缆在矿车脱轨时不致受到撞击，在电缆坠落时不致落在轨道或运输机上。电力电缆悬挂点的间距应不大于3m，控制与信号电缆及小断面电力电缆间距应为1.0~1.5m，与巷道周边最小净距应不小于50mm；

2) 不应将电缆悬挂在风、水管上，电缆上不应悬挂任何物件，电缆与风、水管平行敷设时，电缆应敷设在管子的上方，其净距不得小于300mm；

3) 在竖井或倾角大于45°的巷道内，电缆悬挂点的间距：在倾斜巷道内，电力电缆应不超过3m，控制与信号电缆及小截面电力电缆应不超过1.5m；在竖井内，应不超过6m；敷设电缆的夹子卡箍或其他夹持装置，应能承受电缆重量，且应不损坏电缆的外皮；

4) 橡套电缆应有专供接地用的芯线，接地芯线不应兼作其他用途；

5) 高、低压电力电缆之间的净距应不小于100mm；高压电缆之间、低压电缆之间的净距应不小于50mm，并应不小于电缆外径。

(7) 电缆通过防火墙、防水墙或硐室部分，每条应分别用金属管或混凝土管保护。管孔应根据实际需要予以密闭。

(8) 巷道内的电缆每隔一定距离和在分路点上，应悬挂注明编号、用途、电压、型号、规格、起止地点等的标志牌。

(9) 高温矿床或有自燃发火危险的采区，宜选用矿用阻燃电缆。

三、变（配）电所硐室

(1) 井下永久性中央变（配）电所硐室，应砌碹。采区变电所弱电硐室，应用非可燃性材料支护。硐室的顶板和墙壁应无渗水，电缆沟应无积水。

中央变（配）电所的地面标高，应比其入口处巷道底板标高高出0.5m；与水泵房毗邻时，应高于水泵房地面0.3m。采区变电所应比其入口处的巷道底板标高高出0.5m。其他机电硐室的地面标高，应高出其入口处的巷道底板标高0.2m以上。

硐室的地坪面应向巷道等标高较低的方向倾斜，其坡度可为2‰~3‰。

(2) 长度超过6m的变配电硐室，应在两端各设一个出口；当硐室长度大于30m时，应在中间增设一个出口；各出口均应装有向外开的铁栅栏门。有淹没、火灾、爆炸危险的矿井，机电硐室都应设置防火门或防水门。

(3) 硐室内各电气设备之间应留有宽度不小于0.8m的通道，设备与墙壁之间的距离应不小于0.5m。

(4) 变配电硐室装有带油的设备而无集油坑的，应在硐室出口防火门处设置斜坡混凝土挡，其高度应高出硐室地面0.1m。

(5) 硐室内各种电气设备的控制装置，应注明编号和用途，并有停送电标志。硐室入口应悬挂“非工作人员禁止入内”的标志牌，高压电气设备应悬挂“高压危险”的标志牌，并应有照明。没有安排专人值班的硐室，应关门加锁。

10 采矿方法

第一节 设计任务与内容

一、设计任务

采矿方法在矿山生产中十分重要，它直接关系到生产安全、生产能力、劳动效率、矿石损失率和贫化率、矿石成本、矿山经济效益及其他多项技术经济指标的好坏。毕业设计时，学生应认真研究分析影响采矿方法的各种因素，以便选出适合矿山具体条件的采矿方法（方案）。

二、设计内容

学生除完成毕业设计说明书的相关内容编制外，还应完成标准采矿方法三视图的绘制，并计算出相应的采矿方法技术经济指标。

（一）毕业设计说明书

根据设计的具体内容，本章的标题为“采矿方法选择”，可分为5部分：

其一为“开采技术条件”。描述矿体的开采技术条件。

其二为“采矿方法选择”。学生需严格按采矿方法选择的三个步骤进行采矿方法的选择，并给出采矿方法选择的最终结果及理由。

其三为“采准和切割工程布置”。根据选定的采矿方法，描述该采矿方法的采场构成要素或结构参数及开拓、采准和切割工程布置形式，必要时附插图。

其四为“回采工艺”。从凿岩、爆破、通风、出矿、采场顶板管理、充填（选用充填采矿方法时）、损失率与贫化率控制和采场作业安全管理等各方面，详细说明回采工艺过程（包括工艺参数）及各环节注意的问题，必要时附插图。

其五为“主要技术经济指标”。本节内容毕业设计说明书中可不体现，但须将主要技术经济指标计算结果在采矿方法三视图中列出。

（二）采矿方法三视图

采矿方法三视图用Auto CAD绘制，绘图比例为1∶200或1∶500。各视图中须准确标明剖面位置与方向、采矿方法结构参数、各类工程名称。标题栏上方用表的形式给出本采矿方法的技术经济指标，包括矿块地质储量、采出矿量、矿块生产能力、损失率、贫化率、千吨采切比等。

(三) 注意的问题

(1) 说明书中的各种结构参数和技术经济指标必须与采矿方法三视图中的保持一致;

(2) 图名为“××矿××××采矿方法设计图”。

第二节 开采技术条件

根据毕业实习期间收集的地质资料，总结归纳矿床的开采技术条件。矿床的开采技术条件包括以下内容:

(1) 工程地质条件。主要描述矿区工程地质条件的复杂程度，矿体顶板、底板岩石种类、普氏硬度系数、坚硬程度、稳定性。矿石硬度系数、坚硬程度。对上下盘围岩的稳定性、矿体周边部位裂隙节理发育程度。对采矿的影响程度做出简单评价。

对矿床内基岩岩组结构、完整程度进行简单评价，并根据矿床勘探报告中的结论，说明矿床工程地质条件的类型。

(2) 水文地质条件。主要描述矿床岩石的富水性和含水量特征。描述大气降水、层间裂隙及构造裂隙水对开采工作面工程地质条件和岩石稳定性的影响及影响程度。描述水文地质对开采可能带来的影响。

根据矿床勘探报告中的结论，说明矿床水文地质条件的类型。

(3) 矿岩主要技术参数。给出矿岩下列主要技术参数：松散系数，硬度系数，矿石体重，岩石体重。

第三节 采矿方法选择

一、采矿方法选择的基本知识

(一) 采矿方法分类

根据地压管理方式，地下采矿方法可划分为空场采矿法、崩落采矿法和充填采矿法三大类。对这三大类采矿方法，按工作面结构（即分层、分段、阶段）的形式与特点，可划分为9个分组。对各级的采矿方法按其落矿或出（放）矿方式、工作面推进方向等，可进一步划分为更为具体的采矿方法（或方案)，见表10-1。

毕业设计时，学生可按照采矿方法选择的步骤，结合给定矿床的矿体分布与赋存特征、开采技术条件，从表10-1中选择合适的采矿方法。

表 10-1 采矿方法分类（方案）

采矿方法类别	按回采地压管理方法	采矿方法分组	采矿方法名称	主要方法（方案）
空场采矿法	自然支撑采矿法	分层（单层）空场法	全面采矿法	（1）普通全面法 （2）留矿全面法 （3）台阶式全面法 （4）长壁式全面法
			房柱采矿法	（1）浅孔落矿房柱法 （2）中深孔落矿房柱法 （3）无轨设备回采房柱法
			留矿采矿法	（1）浅孔落矿留矿法 （2）薄矿脉留矿法 （3）极薄矿脉留矿法
		分段空场法	分段采矿法	（1）有底柱分段采矿法 （2）连续退采分段采矿法 （3）无底柱分段采矿法
			爆力运矿采矿法	爆力运矿分段采矿法
		阶段空场法	阶段矿房法	（1）垂直层落矿阶段矿房法 （2）水平层落矿阶段矿房法 （3）下向大直径深孔球状药包自下而上落矿的 VCR 法 （4）联合落矿阶段矿房法
崩落采矿法	无支撑采矿法	分层（单层）崩落法	单层崩落采矿法	（1）长壁崩落法 （2）短壁崩落法 （3）进路单层崩落法
			分层崩落采矿法	（1）壁式分层崩落法 （2）进路分层崩落法
		分段崩落法	无底柱分段崩落采矿法	（1）低分段无底柱崩落法 （2）高分段无底柱崩落法（大结构参数） （3）高端壁无底柱分段崩落法
			有底柱分段崩落采矿法	（1）垂直落矿有底柱分段崩落法 （2）水平层落矿有底柱分段崩落法 （3）联合落矿有底柱分段崩落法
		阶段崩落法	阶段强制崩落采矿法	（1）垂直层落矿强制崩落法 （2）水平层落矿强制崩落法 （3）联合落矿强制崩落法
			自然崩落采矿法（矿块崩落法）	（1）铲运机出矿自然崩落法 （2）电耙出矿自然崩落法 （3）格筛放矿自然崩落法

续表 10-1

采矿方法类别	按回采地压管理方法	采矿方法分组	采矿方法名称	主要方法（方案）
充填采矿法	人工支撑采矿法	分层（单层）充填法	按充填材料和输送不同，主要有胶结、水砂、干式充填法	（1）上向分层充填法 （2）下向分层充填法 （3）上向进路充填法 （4）下向进路充填法 （5）点柱充填法 （6）壁式充填法 （7）削壁充填法
		分段充填法		（1）分段充填法典型方案 （2）无底柱分段充填法
		阶段充填法（嗣后充填法）		（1）房柱采矿嗣后充填法 （2）留矿采矿嗣后充填法 （3）分段矿房（空场）嗣后充填法 （4）阶段矿房（空场）嗣后充填法 （5）VCR 嗣后充填法

（二）矿床（体）的几种分类

为了便于采矿方法的选择，通常将矿床（体）按赋存要素进行分类：

（1）按矿床厚度，分为：

1）极薄矿体，厚度在 0.8m 以下，回采时需要采掘围岩。

2）薄矿体．厚度为 0.8~5m。

3）中厚矿体，厚度为 5~15m。

4）厚矿体，厚度为 15~50m。

5）极厚矿体，厚度在 50m 以上。

（2）按矿体倾角，分为：

1）水平矿体，倾角 0°~5°。

2）缓倾斜矿体，倾角 5°~30°。

3）倾斜矿体，倾角 30°~50°。

4）急倾斜矿体，倾角大于 50°。

（3）按矿床形态，分为：

1）层状矿床，多为沉积或变质沉积矿床。其特点是矿床赋存条件（厚度、倾角等）和有用矿物的组分较稳定、变化小。多见于黑色金属矿床和非金属矿床。

2）脉状矿床，矿床成因主要是热液、气化作用，使矿物充填于地层的裂隙中。其特点是矿床与围岩的接触处有蚀变现象，矿床赋存条件不是很稳定，有用成分的含量不均匀。多见于稀有金属及贵重金属矿床。

3）透镜状、囊状矿床，矿床主要是充填、接触交代、分离和气化作用形成的矿床。它的特点是矿体形状不规则，矿体和围岩的界限不明显。某些有色金属矿（如铜、铅、锌等）即属此类。

（4）接矿岩稳固程度、顶板允许的暴露面积，分为：

1）极不稳固矿床，顶板不允许暴露。

2）不稳固矿床，顶板允许暴露面积在10m^{2}以内，长时间暴露仍需支护。

3）中等稳固的矿床，顶板允许暴露面积200m^{2}以内。

4）稳固的矿床，顶板允许暴露面积在500m^{2}以内。

5）很稳固的矿床，顶板允许暴露面积500～1000 m^2。

6）极稳固的矿床，顶板允许暴露面积在1000m^{2}以上。

（三）影响采矿方法选择的因素

影响采矿方法选择的因素很多，如地质条件、开采技术条件、安全因素、设备因素、经济因素、环保要求、产品加工要求及政治因素等，有些因素是动态变化的。在选择采矿方法时，主要考虑的影响因素有以下7个方面。

1. 矿床地质及水文地质条件

矿床地质及水文地质条件对采矿方法的选择起决定性作用，一般情况下，根据矿石和围岩的物理力学条件就可选出几种采矿方法。

（1）矿石和围岩的物理力学性质。矿石和围岩的稳固性决定着采场地压管理、采矿方法的选择和采场构成要素及落矿方法，矿岩稳固性对采矿方法的影响参见表10-2。

表10-2　矿岩稳固性对采矿方法选择的影响

稳固性		较适宜的采矿方法	不太适宜的采矿方法
矿石	围岩		
稳固	稳固	空场法	崩落法
稳固	不稳固	崩落法、充填法	空场法
中等稳固或不稳固	稳固	分段法、阶段矿房法、阶段自然崩落法、嗣后充填法	
不稳固	不稳固	崩落法、充填法	空场法

（2）矿体倾角和厚度的影响。矿体倾角主要影响矿石在采场内的运搬方式方法。矿体厚度影响采矿方法和落矿方法的选择以及矿块的布置方式。矿体倾角和厚度对采矿方法选择的影响参见表10-3。

（3）矿体形状和矿石与围岩的接触情况，影响采矿方法的落矿方式、矿石运搬方式和贫化损失指标。矿岩接触面不明显，矿体形状不规则、起伏较大时，采用大直径深孔落矿，会引起较大的损失、贫化。底板起伏较大时，会影响使用无轨出矿设备和爆力运搬矿石，甚至采用留矿法的效果也很差。

表 10-3 矿体倾角和厚度对采矿方法选择的影响

矿体厚度	水平矿体	缓倾斜矿体	倾斜矿体	急倾斜矿体
极薄矿体	壁式削壁充填法	壁式削壁充填法	上向倾斜削壁充填法	留矿法，上向分层削壁充填法
薄矿体	全面法，房柱法，壁式崩落法，壁式充填法等	全面法，房柱法，壁式崩落法，壁式充填法，进路充填法等	爆力运矿采矿法，分层崩落法，上向进路充填法，下向分层充填法等	分段法，留矿法，分层崩落法，上向（水平）分层进路充填法，分段充填法，留矿采矿嗣后充填法等
中厚矿体	房柱法，壁式充填法	房柱法，分段法，分层崩落法，上向、下向分层充填法，分段充填法，倾斜分层充填法等	爆力运矿采矿法，分段法，分层、分段崩落法，分层、分段充填法等	分段法、留矿法、分层、分段崩落法，分层（上向分层、上向进路、下向分层）进路充填法，分段充填法，留矿采矿嗣后充填法等
厚矿体	分段法，阶段矿房法，分层（分段）崩落法阶段崩落法，分层充填法，嗣后充填法等	分段法，阶段矿房法，分层（分段）崩落法，阶段崩落法，点柱充填法，嗣后充填法等	分段法，阶段矿房法，分层（分段）崩落法，阶段崩落法，上向分层充填法，点柱充填法，嗣后充填法等	分段法，阶段矿房法，分层（分段）崩落法，阶段崩落法，上向分层充填法，嗣后充填法等
极厚矿体	阶段矿房法，分段崩落法，阶段崩落法，阶段充填法等	阶段矿房法，分段崩落法，阶段崩落法，阶段充填法等	阶段矿房法，分段崩落法，阶段崩落法，阶段充填法等	阶段矿房法，分段崩落法，阶段崩落法，阶段充填法等

（4）矿石的品位及价值。开采品位较高的富矿和贵重、稀有金属时，采用回采率高、贫化率低的采矿方法，如充填法。按照提高出矿品位和多回收各种金属所获经济效益的增量与采矿成本增量的大小来判断是否采用充填法。

（5）若矿体形态变化大，矿物及品位在矿体中的分布也不均匀，或矿体边界不清楚，必须配合周密的取样、化验后才能定出矿体边界时，要考虑采用能剔除夹石或分采的采矿方法。对缓倾斜矿体就可采用留规则或不规则矿柱、岩柱的房柱法、全面法等。若在同一矿床中具有品位相差很悬殊的多个矿体时，可以采用不同的采矿方法，或采用先采富矿暂时保留贫矿的充填采矿法。

（6）矿体赋存深度。赋存深度超过 600~800m 或原岩应力很大时，或有冲击地压或岩爆倾向的矿床，宜采用充填法和崩落法。

（7）矿石和围岩的自燃性与结块性。矿石和围岩中含硫高、有自燃或发火倾向时，应采用充填法，避免采用留矿法、阶段崩落法和大量崩落矿柱的采矿法。

(8) 开采放射性矿石，一般采用通风条件较好的充填法。具有氧化结块性的矿石，应采用空场法或充填法，避免采用留矿法或崩落采矿法。

2. 开采技术条件

(1) 地表是否允许陷落。地表移动带范围内，如果有公路、铁路、河流、村镇、居民区、风景区、文化遗址等，或者地表是森林、农田、水利设施，地表不允许陷落的，选择采矿方法时要优先考虑充填法或嗣后充填法。

(2) 加工部门对矿石质量的特殊要求。矿石的品位及品级是某些加工部门的特殊要求，如富矿石、耐火原料矿石。

(3) 有某种特殊危害的矿山。矿石中含硫高、有结块自燃的或者有发火危险的煤系地层围岩，应优先采用充填法，避免采用留矿法、大量崩落法。开采含放射性元素的矿石，一般采用通风条件较好的采矿法。

3. 安全因素

(1) 保证作业人员安全和身体健康是采矿方法选择首先考虑的问题。影响矿山安全的因素很多，归结起来，主要是自然因素和技术因素。

1) 自然因素包括：矿体的赋存和埋藏状况、围岩和矿体的性质、节理裂隙发育程度、地下水情况等。

2) 技术因素包括：采矿方法本身特征、采矿方法设计等。

(2) 尽量选择人员不在暴露面积大的采场内作业，及用人最少、采矿机械化程度高、劳动生产率高、工人体力劳动强度低和造成工伤概率低的采矿方法。

(3) 地下矿开采空间小且具有封闭性特点，井下有毒有害气体浓度、粉尘浓度和噪声水平都很高，选择采矿方法要注意这一点，同时还要采取有效的防治措施。

4. 采掘设备

采矿方法选择在一定程度上是选择何种设备，即设备决定工艺。采矿方法选择要建立在采用先进、实用的采掘设备基础之上。

5. 经济因素

选择采矿方法时，必须进行综合经济比较。

6. 环境因素

要考虑地表是否允许崩落，做到对地表的保护，减少固体废料占地和对环境的污染。

7. 采矿方法自身的因素影响

采矿方法因采场结构、采准方式、回采工艺技术及设备等的不同，可以组成多个方案供选择。

(四) 采矿方法选择遵循的原则

(1) 认真贯彻执行国家、行业有关安全方面的规程、规范等法规，确保生产安全和作业条件良好。

(2) 技术先进，工艺成熟，设备可靠。

(3) 矿块（采场）生产能力大、效率高、成本低。同时作业的阶段或采场数量少。

(4) 采矿方法结构简单，采切工程量小。

(5) 矿石的回采率高、贫化率低。

(6) 采矿方法灵活，回采作业循环周期短，直接生产成本低。

(7) 指标选取留有余地。

二、采矿方法的选择

由于影响采矿方法选择因素的复杂性，目前，仍鼓励学生采用传统方式选择采矿方法，即在经验类比的基础上通过技术经济比较来选择采矿方法。

在收集、分析与研究有关资料的基础上，按下述步骤进行采矿方法选择：

第一步，采矿方法初选；

第二步，技术与经济比较；

第三步，综合分析比较。

一般情况下，经过第一步初选和第二步技术经济比较，便可选定适合的采矿方法。当经过第一步和第二步仍无法选定采矿方法时，再进行第三步的综合分析比较，最终确定出合适的采矿方法。

1. 采矿方法初选

对收集和掌握的资料进行分析研究，根据采矿方法选择的影响因素和必须遵循的准则，并通过对决定条件及控制条件的分析研究，按表 10-4 可初选出几个技术上可行的采矿方法。

2. 技术经济比较

对初选出的几种采矿方法进行技术经济比较。一般做法是对参与比较的方法（方案）分别做出详细的设计方案，计算出有关的技术、经济指标，从采矿计算到选矿，最终计算出技术、经济效益的有关指标，通过技术经济指标的比较，选定效益好的采矿方法（方案）。

(1) 在矿体的横剖面图和纵投影图及阶段平面图上，按采矿方法设计要求的厚度、倾角范围进行统计，确定各种范围分布、比例，分别选择出采矿方法及采场构成要素。

(2) 进行技术指标比较。通常对表 10-5 所列的技术指标进行对比。在进行技术分析比较时，要针对不同矿山具体条件，分析哪些指标是主要的，哪些是次要的，这样才能选择适合具体开采条件的采矿方法，取得更好的效益。

表 10-4　根据矿岩稳固性、矿体倾角和厚度可能选择的采矿方法

矿体倾角	矿体厚度	矿岩稳固性			
		矿石稳固，围岩稳固	矿石稳固，围岩不稳固	矿石不稳固，围岩稳固	矿石不稳固，围岩不稳固
缓倾斜	薄和极薄	全面法，房柱法	单层崩落法，垂直分条充填法	垂直分条充填法，全面法，单层崩落法	垂直分条充填法，单层崩落法
	中厚	分段法，房柱法，全面法	分段法，分层崩落法，有底柱分段崩落法，分层充填法，锚杆房柱法	分段法，上向进路充填法，垂直分条充填法	有底柱分段崩落法，分层崩落法，充填法
	厚和极厚	阶段矿房法，分段、阶段崩落法，充填法	分段、分层崩落法，充填法	上向进路充填法，分段崩落法，阶段崩落法，嗣后充填法	分段、阶段崩落法，分层崩落法，下向充填法，上向进路充填法
倾斜	薄和极薄	全面法，房柱法	垂直分条充填法，上向分层充填法，单层崩落法	上向进路充填法，分段矿房法，分段崩落法，全围法	分层崩落法，上向进路充填法，下向分层充填法，分段崩落法
	中厚	分段法	分段崩落法，上向分层充填法	进路充填法，分段法，有底柱分段崩落法	有底柱分段崩落法，分层充填法，上向进路充填法，分段崩落法
	厚和极厚	阶段矿房法，分段法，嗣后充填法	分段、阶段崩落法，上向分层充填法	上向进路充填法，分段矿房法，分段、阶段崩落法，下向分层充填法，嗣后充填法	分层崩落法，上向进路充填法，下向分层充填法，分段、阶段崩落法
急倾斜	极薄	削壁充填法，留矿法	削壁充填法	上向进路充填法，下向分层充填法	下向分层充填法，上向进路充填法
	薄	留矿法，分段、阶段矿房法	上向分层充填法，分层崩落法，分段崩落法	上向进路充填法，分层崩落法，分段崩落法，分段矿房法	上向进路充填法，下向分层充填法，分层崩落法，分段崩落法
	中厚	分段法，阶段矿房法，分段崩落法	分段法，上向分层充填法，分段崩落法	上向进路充填法，下向分层充填法，分层崩落法，分段崩落法，分段矿房法，嗣后充填法	下向分层充填法，上向进路充填法，分层崩落法，分段、阶段崩落法
	厚和极厚	阶段矿房法，分段、阶段崩落法，嗣后充填法	分段法，分段、阶段崩落法，上向分层充填法	上向进路充填法，下向分层充填法，分层崩落法，分段、阶段崩落法，嗣后充填法	分段、阶段崩落法，下向分层充填法，上向进路充填法，分层崩落法

一般情况下，通过技术比较就可选定2~3个技术上可行、竞争力强的采矿方法（方案），再进行经济比较。

表10-5 采矿方法（方案）技术比较

序号	指标名称	采矿方法（方案）			
		方案1	方案2	方案3	方案4
1	矿块生产能力				
2	矿石贫化率				
3	矿石损失率				
4	千吨采切比及采准时间				
5	矿块工人劳动生产率				
6	采出矿石直接成本				
7	作业条件和安全程度				
8	回采工艺的繁简程度				
9	方法的灵活性				
10	主要材料消耗				
(1)	钢材				
(…)					
11	方案的优缺点				

（3）进行经济指标对比。经过技术比较，还不能对技术上可行、竞争力强的2~3个采矿方法方案进行取舍时，再进行经济比较（见表10-6），最后选定。

技术经济比较时，由于涉及的指标较多，学生在进行毕业设计时，可只重点计算与采矿专业相关的经济指标，也可将表10-5和表10-6合并为“采矿方法（方案）技术经济比较”一个表进行计算与对比。

表10-6 采矿方法（方案）经济比较

序号	指标名称	采矿方法（方案）		
		方案1	方案2	方案3
1	工业储量/kt			
2	矿石品位/%			
3	矿石回采率/%			
4	矿石贫化率/%			
5	采出矿石品位/%			
6	回采矿量/kt			
7	生产能力/$kt \cdot a^{-1}$			

续表 10-6

序号	指 标 名 称	采矿方法（方案）		
		方案 1	方案 2	方案 3
8	开采年限/a			
9	年产矿石金属量/t · a^{-1}			
10	采切比/m · kt^{-1}，m^3 · kt^{-1}			
11	选矿回收率/%			
12	采选总回收率/%			
13	精矿品位/%			
14	精矿产量/kt · a^{-1}			
15	采矿成本/元 · 吨$^{-1}$			
16	选矿成本/元 · 吨$^{-1}$			
17	采选成本/元 · 吨$^{-1}$			
18	采选总成本/万元			
19	企业年总产值/万元			
20	企业年利润/万元			

3. 综合分析比较

通过技术经济比较与分析，便可选定采矿方法（方案）。如仍不能选定，则须进行综合分析比较：例如采用不同矿体边界品位，将有不同的矿体形态和规模，不同的矿产资源储量，因此也就会有不同的采矿方法和不同的矿山生产规模，引出不同的建设投资和采掘设备等一系列问题。

第四节　采准和切割工程布置

地下矿床开采分为开拓、采准、切割和回采四个步骤，为保证矿山生产持续均衡进行，避免产量下降或停产等现象，开拓应超前于采准，采准超前于切割，切割超前于回采，三者之间要保持一定的超前关系。

学生在采准和切割工程布置时，应根据所选定的采矿方法，参照《采矿设计手册》或《采矿手册》的相关章节，合理布置采准与切割工程，并计算采切比。

一、采准切割工程划分及采准方法

（一）采准切割工程划分

1. 采准工程

在开拓矿量的基础上，按不同采矿方法工艺的要求，为获得采准矿量、将阶段划分成矿块（采场），形成独立的回采单元而掘进的井巷工程。包括：

（1）在采场（或矿块）底部所开掘的沿脉和穿脉运输巷道；运输横巷、通风平巷。

（2）采场人行、设备材料、充填料、凿岩、通风、矿岩等专用天井。

（3）采准斜坡道及联络道。

（4）为开采平行矿脉做准备工作的阶段运输横巷（不包括干线运输巷道）。

（5）耙矿巷道、格筛巷道、电耙硐室、放矿小井。

（6）通往采场和主要运输平巷的安全出口等联络道。

（7）采用空场法的分段沿脉巷道；崩落法的沿脉巷道、无底柱分段崩落法的分段联络道和进路等井巷掘进工程。

2. 切割工程

在开拓及采准矿量的基础上按采矿方法所规定的，为获得备采矿量，形成矿块回采条件而开掘的空间。包括：

（1）采场切割天井（或上山）、切割平巷、拉底巷道、切割堑沟。

（2）放矿漏斗的漏斗颈。

（3）深孔凿岩硐室。

（4）空场法的分段穿脉巷道。

（5）分层崩落的分层和穿脉巷道。

（6）分层崩落法的储矿巷道、储矿小井等井巷掘进工程。

（7）其他有拉切割槽、为形成初始覆盖层而开掘的一次放顶工程等。

（二）采准方法

1. 采准方法的分类

阶段运输巷道属于开拓工程，对于靠近矿体的运输巷道（又称近矿运输平巷），由于其布置与采准系统密切相关，通常与采准工程统一考虑。因此，近矿运输平巷通常被划为主要采准巷道。

（1）按主要采准巷道与矿体的相对位置，采准方法可分为脉内采准、脉外采准和脉内脉外联合采准。

1）脉内采准。掘进巷道可以得到副产矿石，又起到补充探矿和疏水的作用。缺点是当矿体不稳固时，地压大，巷道维护工作量大；矿体厚度薄且形态变化大时，巷道难以保持平直，给铺轨及运输带来不便。适用于矿山规模小，矿体控制程度低的矿山。

2）脉外采准。巷道维护相对简单，维护费用低；矿块顶底柱尺寸小，增加了矿房矿量，提高了矿块总的回采率；运输和通风条件好；开采有自燃性矿石时，易于封闭火区。

3）联合采准。同时采用脉内和脉外两种采准布置方式。

一般情况下，薄矿体多采用脉内采难，厚矿体多采用脉外采准，厚大矿体或运输量较大的阶段采用脉内脉外联合采准，构成环形运输系统。

(2) 按主要采准巷道通行的装运设备，采准方法分为无轨采准、有轨采准和无轨有轨联合采准。

1) 无轨采准。指采用无轨自行设备进行装运作业的采准方法，如采用铲运机、坑内自卸汽车、轮胎式装载机等。

2) 有轨采准。指采用轨道式装运设备、机车牵引或人推轨轮式矿车的采准方法，构成有轨装运系统。多用于中小矿山。

3) 无轨与有轨联合采准。指采用无轨自行设备如铲运机出矿、有轨设备运矿的联合装运系统，构成联合采准。主要用于大中型矿山。

2. 采准方法的选择

选择采准方法时，主要考虑下列因素：

(1) 采用的开拓运输方式、设备。

(2) 阶段运输能力。

(3) 采矿方法（方案）、矿块的生产能力。

(4) 矿体和上下盘围岩的稳固程度。

(5) 矿体厚度、倾角。

(6) 矿体分枝、多脉形态。

(7) 矿床勘探控制程度及生产探矿的手段和网度。

(8) 矿床的涌水、矿石自燃发火、矿体和围岩放射性情况等因素。

3. 采准方法的要求

采准方法应满足下面要求：

(1) 每个矿块（盘区），都必须有两个出口，并连通上、下巷道。安全出口的支护必须稳固牢靠，保证人员、设备材料进出工作面安全和方便。

(2) 采准系统与矿块底部结构简单、施工方便、工程量小，维护费用低。

(3) 保证矿石装运方便和相应的生产能力。

(4) 矿柱矿量少。

(5) 在整个回采过程中，具有良好的通风条件。当采准巷道兼作下阶段回风时，必须使其在使用年限内不受破坏；经常进行二次破碎作业地点，应有独立风流，防止污风串联。

(6) 能及时排出矿床中的涌水。

二、主要采准巷道及布置

（一）阶段平巷

阶段平巷按阶段运输、通风、疏水及采矿方法的要求进行布置，通常与阶段运输平巷相结合。

(二) 采准天井

采准天井(上山)按用途分为人行天井、通风天井、矿石溜井、废石溜井、材料井、设备井等。天井布置一般应满足下面要求:

(1) 使用安全,与回采工作面联系方便;

(2) 通风条件良好;

(3) 开掘工程量小,维护费用低;尽量一井多用,以减少天井个数;

(4) 满足使用要求,如溜井应便于矿岩溜放;天井应便于人行、设备及材料的运入运出等;

(5) 与所用的采矿方法及回采方案相适应;

(6) 有利于探采结合。

采准天井的布置一般根据矿岩稳固条件和采矿方法选用。按天井与矿体的关系分为脉内天井(如图 10-1a~c 所示)和脉外天井(如图 10-1d、e 所示)。

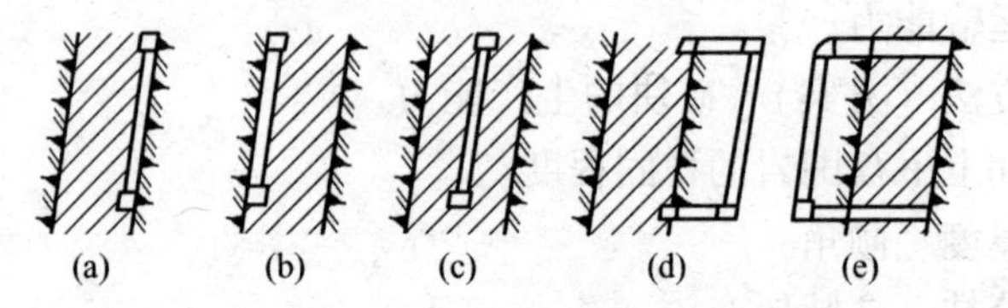

图 10-1 天井布置方式

按天井与回采空间的联系方式,脉内天井一般又有四种,如图 10-2 所示:

(a) 天井在矿块间柱内,通过天井联络道与矿房连通;

(b) 天井在矿块中央,随着回采工作面向上推进而逐渐消失,为了保持工作面与下部阶段运输水平的联络通路,需另外架设板台或梯子;

(c)、(d) 天井在矿块中央或两侧,随着回采工作面向上推进而逐渐消失,在其原有空间位置上从采场废石充填料中或矿石中用混凝土垛盘、横撑支柱或钢制圆筒逐渐地架设,并形成一条人工顺路天井,保持工作面与下部阶段运输水平的联络。

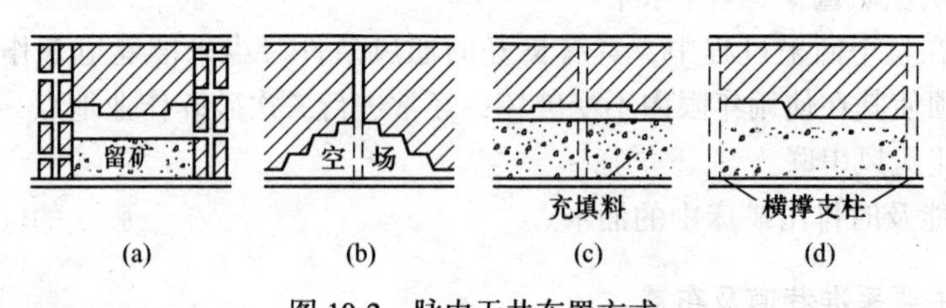

图 10-2 脉内天井布置方式

(三) 采区溜井

采区溜井是指在一个阶段之内,用来为一个矿块或一个盘区服务的矿石或废石溜井，其设置与数量取决于所用的采矿方法，如各种分层、分段崩落法及充填法，一般均需设置采区溜井。

采区溜井一般布置在下盘脉外。下盘岩石不稳固而矿体或上盘围岩稳固时，才布置在矿体中或上盘（脉外）。矿体极厚时，为减少矿石运搬距离，或受铲运设备有效运距限制时，可采用脉内布置。

选择采区溜井位置的一般要求：

（1）溜井通过的矿岩稳固，整体性好，尽量避开破碎带、断层、溶洞及节理裂隙发育带。

（2）对于黏性大的矿石，最好不使用溜井放矿；必须采用溜井时，应适当加大溜井断面。

（3）溜放的矿石成品有块度要求时，为避免粉矿增多，需采取储矿措施。

（4）采区溜井应尽量布置在阶段穿脉巷道之中，以减少装卸矿石对运输的干扰和粉尘对空气的污染。

采区溜井应尽量采用垂直溜井。采用倾斜溜井时，其溜矿段倾角一般不小于60°；储矿段的倾角通常大于65°。

采区溜井的间距，取决于采矿方法和出矿设备，当采用铲运机出矿时，间距可达150~300m。

采区溜井的断面尺寸可按表10-7选取。

表10-7 采区溜井的断面尺寸

溜放矿岩的最大块度/mm	溜井通过系数 n	溜井最小直径或最小边长/mm
>800	4~5	≥3500
500~800	4~5	2500~3000
300~500	4~6	2000~2500
<300	4~7	1500~2000

（四）采准无轨斜坡道

无轨斜坡道是阶段运输水平与各分段水平、分层工作面之间的另一种联系方式。与采准天井相比，无轨自行设备运行及调配、设备和材料运送、人员进出十分方便，作业条件也大为改善；缺点是掘进工作量大。

无轨斜坡道采准工程还包括阶段近矿平巷、分段平巷、分层平巷，以及采场、溜井、天井与采准斜坡道之间的联络平巷等。为整个阶段服务的辅助斜坡道属于开拓工程。

采准斜坡道选择主要考虑的因素有：

（1）矿床的埋藏要素和形状。

（2）矿石和围岩的稳固程度。

（3）开拓巷道的位置和采矿方法。

（4）采准斜坡道的用途和使用年限。

（5）开掘工程量（本身的、辅助的及其联络工程）的大小。

（6）通风条件。

（7）采矿方法对斜坡道开口位置的要求等。

1. 采准斜坡道的布置

（1）按线路布置。按线路布置，斜坡道口可分为直线（进）式、折返式和螺旋式三种形式。

1）直线式斜坡道，线路为直线，在分段、分层标高通过联络道与回采工作面连通。除不敷设轨道和倾角较缓外，其断面与斜井基本相同，如图 10-3 所示。直线式斜坡道较多用于矿体走向长而阶段高度又较小的矿山。

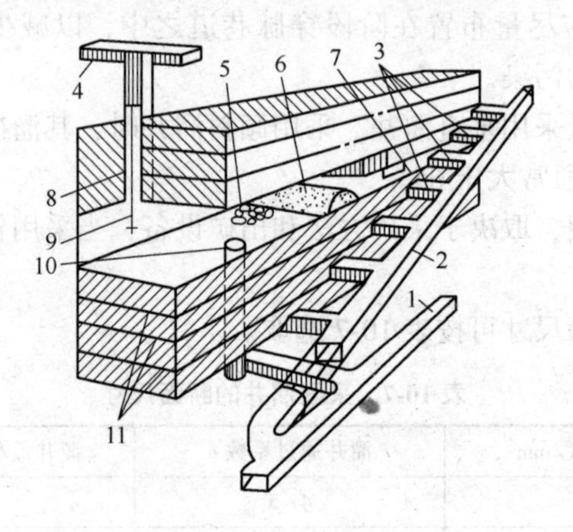

图 10-3 直线式斜坡道采准

1—阶段运输巷道；2—直线式斜坡道；3—斜坡联络道；4—回风充填巷道；5—铲运机；6—矿堆；7—自行凿岩台车；8—通风充填井；9—充填管；10—溜井；11—充填分层线

直线式斜坡道优点为：

①工程量省，施工简单易行；

②无轨设备运行速度快，司机能见距离长。

直线式斜坡道缺点为：

①布置不灵活；

②对线路的工程地质条件要求较严。

2）折返式斜坡道，是经几次折返斜巷分别连通各分段、分层平巷，线路由直线段和曲线段组成，直线段变高程，曲线段变方向，又便于设备转弯，其坡度变缓或近似水平，如图 10-4 所示。

折返式斜坡道优点为：

①线路布置便于与矿体保持一定距离；

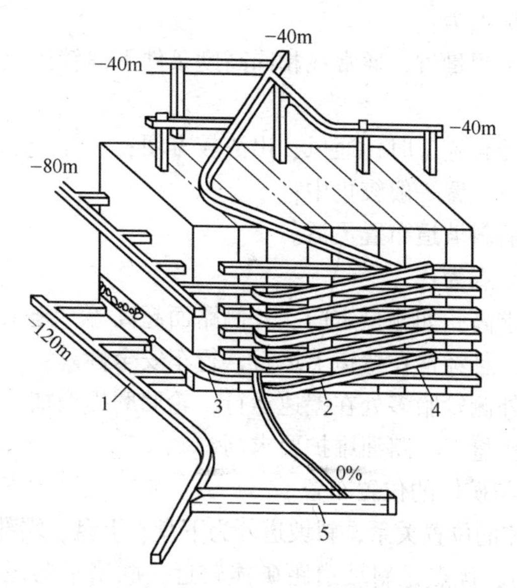

图 10-4 折返式斜坡道采准

1—阶段运输平巷；2—采准斜坡道；3—联络平巷；4—分段平巷；5—机修硐室

②较螺旋式易于施工；

③司机能见距离较长；

④运行速度较螺旋式大。

折返式斜坡道缺点为：

①工程量较螺旋式斜坡道大；

②线路布置的灵活性较螺旋式差。

3）螺旋式斜坡道，采用螺旋线形式布置，如图 10-5 所示。其几何形状有圆柱螺旋线或圆锥螺旋线形。螺旋式斜坡道每掘进一定长度（约 150m）设一缓坡段。缓坡段长度可参考露天矿汽车运输线路的有关规定。

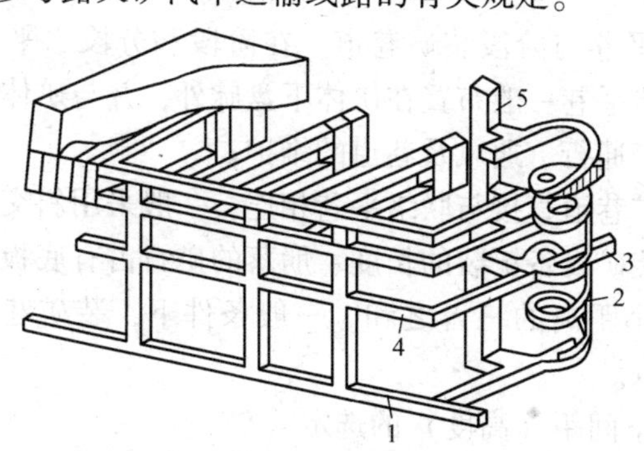

图 10-5 螺旋式斜坡道采准

1—阶段运输巷道；2—螺旋式斜坡道；3—联络平巷；4—分段平巷；5—天井

螺旋式斜坡道优点为：

①线路较短，工程量省，通常在相同高度条件下，较折返式斜坡道掘进量省20%~25%；

②与垂直井巷配合施工时，通风、出渣较方便；

③分段水平开口位置一般较集中；

④较其他形式的斜坡道布置灵活。

螺旋式斜坡道缺点为：

①掘进施工要求高，如测量定向、外侧路面超高等，施工难度大；

②司机视距小，且经常在弯道上运行，行车安全性差；

③无轨车辆内外侧轮胎多处在差速运行，轮胎磨损增加；

④道路维护工作量大，路面维护要求高。

(2) 按斜坡道与矿体的位置布置。

按斜坡道与矿体的位置关系，斜坡道分为下盘、上盘、端部和脉内四种形式：

1) 下盘斜坡道，优点是斜坡道距矿体较近，联络平巷短，一般不受岩移威胁，采准工程量小。应用广泛，适于倾斜、急倾斜各种厚度的矿体。

2) 上盘斜坡道，仅适于下盘岩层不稳固而且走向长度大的急倾斜矿体。

3) 端部斜坡道，适于上、下盘均不稳固，走向不长，端部矿岩稳固的厚大矿体。

4) 脉内斜坡道，一般用于开采水平、近水平及缓倾斜矿体。该布置与采矿方法和矿体倾角密切相关。

2. 斜坡道联络道

(1) 采场斜坡道的联络道。无轨采准斜坡道的联络道，按其水平位置一般划分为矿体底部的联络道和分段的联络道两种布置形式。前者多在有轨改无轨的矿山采用，后者是在新建矿山直接采用无轨设备或出矿强度要求高的无轨采场采用。

(2) 采场联络平巷与阶段装矿巷道。在阶段和分段水平，各采场之间采用联络平巷贯通。联络平巷一般布置在矿体下盘脉外，并与矿体下盘矿岩接触面保持一定距离，以利于通行、通风及巷道的维护。

阶段水平的装矿巷道直接与联络平巷相连，一般采用斜交或垂直布置。装矿巷道的最小长度为装矿设备铲装的长度、崩落的矿石占有底板的长度、装矿时设备必须前后活动最小距离的三者之和。一般条件下，装矿巷道长度为8~15m，根据铲运机大小选取。

3. 分段平巷上下间距（高度）的选定

(1) 考虑的主要因素

1) 分段回采后采场实际回采高度的控制和测量技术水平。

2）采场掘进及回采机械化程度。

3）矿体及围岩的稳固性。

4）井巷工程量的多少。

5）联络道上掘时，充填料浆和泥水的控制和管理水平。

（2）通过工程量比较后选定。需进行分段平巷间距不同时各方案的工程量比较，比较工程主要有：

1）分段平巷工程。

2）斜坡道至分段平巷的联络道。

3）脉外采准时的分支溜井量。

4）分段平巷至矿体的采场斜坡联络道及其回采扇形面积的工程量。

三、矿块底部结构

（一）矿块底部结构类型

底部结构是采矿方法中重要的组成部分，其掘进工程量约占采切工程总量的50%，而且上水平井巷多，施工难度大。底部结构在很大程度上决定着采矿方法的生产能力、作业效率、矿石的损失与贫化指标及放矿工作的安全等。因此，在设计和生产中，正确选择底部结构十分重要。

矿块的底部结构一般由受矿巷道、二次破碎巷道和放（出）矿巷道组成，用来接受崩落的矿石、进行二次破碎和将矿石放出装入运输水平的矿车中。

底部结构分类方法不一，主要有：按有无二次破碎水平、受矿巷道形式（分漏斗式、堑沟式、平底式）、运搬方法及设备（分重力、自行装运设备、电耙、振动放矿装置）等进行分类，可以组成多种结构形式。表10-8列出了常用的矿块底部结构类型。

表10-8　常用矿块底部结构类型

底部结构类型	底部结构特点		受矿巷道形式
	运搬设备与方式	二次破碎	
铲运机等自行设备出矿	铲（装）运机装、运、卸	装矿巷道	1. 堑沟式 2. 平底式
自重放矿装矿	矿石重力溜放，漏斗装车	1. 有格筛 2. 无格筛	漏斗式
电耙耙矿	电耙耙运	电耙道	1. 堑沟式 2. 平底式 3. 漏斗式

续表 10-8

底部结构类型	底部结构特点		受矿巷道形式
	运搬设备与方式	二次破碎	
振动放矿机装矿	振动放矿机+矿石重力溜放，闸门装车或其他运输方式	振动放矿机台面上或放矿口	1. 堑沟式 2. 平底式 3. 漏斗式
装岩机等有轨设备装矿	装岩机装矿，有轨矿车运输	装矿巷道	1. 堑沟式 2. 平底式
人工假底	上述底部结构可用混凝土、金属支架等做成人工假底（假巷）结构		

设计和生产中，选择底部结构的基本要求是在保证巷道稳定（能经受落矿和二次爆破的冲击及放矿时的地压变化）、作业安全、需要的放矿能力条件下（适应采矿方法和放矿特点要求），尽量降低底柱高度，采准工作量小，施工方便，经济效果好。

（二）矿块底部结构的选择

学生根据所选择的采矿方法，参考《采矿手册》第二卷中的相关内容进行矿块底部结构的选择与设计。

四、采准与切割工程量的计算

基础资料及计算的内容如下。

1. 基础资料

计算采准与切割工程量所需的资料包括：

（1）所选定的采矿方法及图纸，矿块及矿房矿柱构成要素，回采步骤。

（2）采准、切割、矿房和矿柱回采时损失与贫化指标。

（3）各项采切巷道位置及断面尺寸，掘进速度，主要掘进设备。

（4）矿房、矿柱回采的生产能力及设备。

（5）开拓、探矿等掘进工程量。

（6）阶段平面布置图等。

2. 计算内容

采切工程量计算内容包括：

（1）计算矿房与矿柱出矿的比例。

（2）计算回采与掘进出矿的比例。

（3）计算采切比及采掘比。

（4）计算废石产量及比例。

（5）确定矿房、矿柱和巷道掘进的同时工作面数。

（6）确定人员组成、设备配备和材料消耗等。

3. 千吨采切比计算

千吨采切比是每千吨矿块采出矿石总量所需掘进的采准、切割巷道的长度（m）或体积（m^3），反映了矿山采矿与掘进的比例关系。由于采准和切割巷道断面面积的差异，一般情况下，计算千吨采切比时，巷道掘进按体积统计工程量，可采用表 10-9 所给出的公式。

表 10-9 千吨采切比计算公式

指标名称		用巷道长度表示/$m \cdot kt^{-1}$	用巷道体积表示/$m^3 \cdot kt^{-1}$
千吨采切比 K_1		$K_1' = 1000 \frac{\sum L_{cq}}{T_k}$	$K_1 = 1000 \frac{\sum V_{cq}}{T_k}$
其中	千吨采准比 K_{1c}	$K_{1c}' = 1000 \frac{\sum L_c}{T_k}$	$K'_{1c} = 1000 \frac{\sum V_c}{T_k}$
	千吨切割比 K_{1q}	$K_{1q}' = 1000 \frac{\sum L_q}{T_k}$	$K_{1q} = 1000 \frac{\sum V_q}{T_k}$
备　注		L_{cq}、L_c、L_q——分别为采切巷道、采准巷道和切割巷道长度，m； V_{cq}、V_c、V_q——分别为采切巷道、采准巷道和切割巷道体积，m^3； T——矿块采出矿量（包括采准、切割的副产矿石量），kt	

4. 采切工程量计算应考虑的问题

（1）采用矿房、矿柱分步骤回采的采矿方法，或者同时使用几种采矿方法时，应该分别进行计算。

（2）对采切工程量的计算结果，应进行修正。修正系数取 1.15～1.3。矿体形态较简单、勘探程度较高、矿岩稳固性较好、中厚以上矿体时，取小值；反之，取大值。

考虑修正的因素：如矿床勘探控制程度不同；因矿床构造复杂、断层较多。可能出现的未预计的工程量；施工中可能出现的部分废巷；因矿体走向、倾角、厚度的变化而引起巷道长度增加，如按矿层底板等高线量取的巷道长度要比实际掘进长度少 10%～30%；施工中会出现超挖工作量等。

（3）千吨采切比是用以确定矿块的采切工程量及对采矿方法进行比较的主要指标，要准确计算。

（4）采掘比与采切比不同，采掘比是每万吨采出矿石量所需掘进的井巷长度（m）或体积（m^3），包括：生产探矿井巷、维简开拓工程、采准和切割井巷等工程的总和。利用该指标及矿石产量，可匡算出矿山生产所需开凿的掘进量（m或m^3）。

第五节 回采工艺

每一种采矿方法都有其不同的回采工艺。学生应根据采矿方法的不同，参照《采矿设计手册》和《采矿手册》，设计出所研究矿山的回采工艺，提出回采过程的安全技术措施，详细说明回采工艺过程（包括工艺参数）及各环节须注意的问题，必要时附插图。主要内容包括：

（1）落矿：包括凿岩、爆破、通风三个方面，分别描述落矿炮孔的布置方式及其技术参数，凿岩设备，装药、起爆与连线方式，采场通风方式；

（2）出矿：主要描述出矿工艺、出矿设备及放矿控制等；

（3）充填（选用充填采矿方法时）：主要描述充填工艺、充填准备、充填浓度与强度控制、充填接顶，及相关技术要求；

（4）采场地压管理方式与要求；

（5）损失率与贫化率控制措施；

（6）采场作业安全管理措施等。

第六节 主要技术经济指标

学生应按附表格式与内容要求，计算出主要技术经济指标，见表10-10。

表10-10 矿块主要技术经济指标

序号	指标名称	指标值
1	工业储量/kt	
2	矿石品位/%	
3	矿石回采率/%	
4	矿石贫化率/%	
5	采出矿石品位/%	
6	采出矿量/kt	
7	生产能力/$kt \cdot a^{-1}$	
8	开采年限/a	
9	采切比/$m \cdot kt^{-1}$，$m^3 \cdot kt^{-1}$	
10	工人劳动生产率/吨·(人·班)$^{-1}$	

11 矿山总平面布置

第一节　设计任务与内容

一、设计任务

矿山总平面布置是矿山开发过程中的一项重要的设计任务，其实质是对矿山场面设施进行设计。矿山总平面布置的主要任务是根据采矿工艺、矿岩运输和地面加工等使用要求，结合矿区地形、地质、水文和气象等自然条件，将生产、管理和生活所需的构筑物、建筑物进行全面规划与布置，并使它们之间互相联系、互相作用，形成一个彼此协调的有机整体。

学生除完成毕业设计说明书的相关内容编制外，还应完成矿山总平面图的绘制。

二、设计内容

（一）毕业设计说明书

根据设计的具体内容，本章的标题为“矿山总平面布置”，可分为4部分：

其一为“矿山总平面布置的依据”。主要描述矿山总平面布置的基础资料及原则。

其二为“采选工业场地布置”。学生需根据矿山总平面布置的基础资料，对服务于采矿与选矿生产的种类建筑、构筑物进行布置。

其三为“行政福利设施布置”。根据矿山总平面布置的基础资料和采选工业场地布置情况，按行政福利设施的布置原则进行布置。

其四为“地面运输系统”。按生产运输和辅助运输两种情形，将各建筑物与构筑物通过道路进行联系，对不同物料的运输方式进行选择。

（二）矿山总平面布置图

矿山总平面布置图用Auto CAD绘制，绘图比例为1：1000或1：2000。图中须标明建筑物和构筑物的名称，建筑物及构筑物与道路的联系等。

（三）注意的问题

（1）工业场地高差变化较大时，要对场地进行平整，并注意道路坡度能够满足运输要求。

(2) 建筑物与构筑物的平面尺寸尽量符合现场实际。

(3) 图名为"××矿厂区总平面布置图"。

第二节 采选工业场地布置

采选工业场地总平面布置是在总体布置确定的场地上，结合场地地形、地质和气象等条件，围绕提升井（主井、副井等）的位置，研究建筑物、构筑物、铁路、公路和各种管线的相互关系，安排它们的具体位置。

一、采选工业场地布置的一般要求

(1) 按照总平面布置的总体要求，统一确定场地内建筑、构筑物的位置综合处理平面与竖向的关系，解决地上与地下管线、场地内部与外部的联系。

(2) 建筑、构筑物的布置应满足生产工艺流程要求，管理方便，生产安全。

(3) 建筑、构筑物的布置力求紧凑，节约用地，尽量利用地下空间或空中空间。

(4) 合理布置运输路线，使物流和人流线路短捷、作业方便。

(5) 各类动力设施布置尽量接近负荷中心或主要负荷中心，减少动力输送损失。

(6) 充分利用地形地貌，减少场地平整的土石方工程。

(7) 经济、适用、美观，建筑物与构筑物的布置与空间处理相互协调，场地布置整齐，留有发展用地。

(8) 符合《工业企业总平面设计规范（GB 5087—93）》、《工业企业设计卫生标准》（GBZ 2. 1—2007）和（GBZ 2. 2—2007）的要求。

二、采矿工业场地的布置要求

采矿工业场地的建筑物与构筑物包括井塔（或井架和提升机房）、地表车场、卸矿仓、通风机房、压气机房、变配电室、机修厂、仓库、食堂、井口办公室等。布置时应遵循以下原则：

(1) 主、副井相距较远时，可布置为两个工业场地。

(2) 提升机房的布置取决于提升机的配置：当采用多绳摩擦轮塔式提升系统时，井塔位于井口位置，提升机配置在井塔的顶部；当采用落地式提升（单绳或多绳）系统时，井架位于竖井井口上方，而提升机房一般距竖井中心的水平距离为20~40m；斜井提升时，卷扬机房布置于斜井井筒的相反方向，距斜井口的距离为40~60m，此距离取决于井口车场的长短和斜井的卸载方式。

(3) 地表卸矿与破碎设施布置。当竖井采用箕斗提升时，在井架或井塔旁侧设有卸矿仓。有时，卸矿仓底部还设有粗碎设施。

（4）废石堆场可集中或分散布置，但应设在提升废石的井筒附近、矿体开采界限以外，并有足够的容积能够容纳矿山全部生产期所出的废石。废石场布置在厂区下风侧，并尽量保持重车下行。

废石堆场的有效容积可按式 11-1 计算：

$$V_{效} = \frac{V_{实} \cdot K_{松}}{K_{沉}} K \tag{11-1}$$

式中　$V_{实}$——矿山服务年限内产出废石的实方量，m^3；

$K_{松}$——岩石松散系数；

$K_{沉}$——松散岩石的下沉系数，硬岩时，$K_{沉}=1.05 \sim 1.07$，软岩时，$K_{沉}=1.1 \sim 1.2$，砂和砾岩时，$K_{沉}=1.09 \sim 1.13$，亚黏土时，$K_{沉}=1.18 \sim 1.21$，泥灰岩时，$K_{沉}=1.21 \sim 1.25$，硬黏土时，$K_{沉}=1.24 \sim 1.28$；

K——废石堆场地的富余系数。

（5）钢材堆场、机修厂房和备件仓库应尽量靠近副井（平硐口），并和副井井口（平硐口）保持同一标高，以方便设备与材料的运输。木材堆场和木材加工房应远离明火源，并距井口 50m 以上。

（6）压风机房的位置应靠近副井（有时为主井，根据供风管的布置）位置，并离开井口办公室 30m 以上，以保证噪声不致影响正常办公；同时保证机房外阴凉、干燥、尘埃少、空气流通好，且有一定的工业场地，便于检修。

随着开采深度的不断增加，越来越多的矿山将压风机房布置到了井下。

（7）通风机房通常靠近风井布置，并利用风道与井筒相连。通风机房应远离行政福利设施与提升机房，避免噪声干扰。

为降低通风费用和提高通风效果，多级风站通风方式广泛应用于矿山生产实践。

（8）变电所一般应设在用电负荷中心，并易于引入外部电源处。对于采矿生产用电负荷，井内一般占 20%～40%，提升机房占 20%～40%，压气机房占 20%～30%（井下液压凿岩设备应用较多时，占比会更小）。

（9）油料仓库应与人员集中区、火源、输电线路等保持一定的安全距离。

（10）行政福利建筑物包括办公楼、医院、化验室、职工食堂、浴池、车库、生活用锅炉房等，其位置应适中，面向主要道路，周围留有绿化带。

三、选矿工业场地的布置要求

选矿工业场地及其位置选择对总平面布置、生产流程和生产成本等影响很大。布置时应遵循以下原则：

（1）选矿厂位置宜靠近主提升井（或主运输平硐）并低于井口标高。其理想位置是矿石提升到地表后能够直接卸入选矿厂原矿仓，避免矿石转载，简化地面运输系统和生产流程。

(2) 选矿厂区域位置最好选在坡度为10°~25°的山坡地上，以便竖向配置选矿工艺流程，实现矿石和矿浆自流，同时减少场地平整的土石方工程量。

(3) 选矿厂应设在与外部联系方便，自建专用运输线路短，且水电供应和尾矿排放方便的地方。

(4) 选矿厂位置选择还应考虑粉尘、噪声对工业厂区的污染问题，即尽量选在主导风向的下风侧。

(5) 尾矿坝最好选在靠近选矿厂的天然沟谷或枯河段，且有足够的库容。最理想的是尾矿坝的标高低于选矿厂标高，可实现尾矿的自流排放。

四、爆破器材库场地的布置要求

爆破器材库场地的选择与布置必须符合《民用爆破器材工程设计安全规范（GB 50089—2007）》、《地下及覆土火药炸药仓库设计安全规范（GB 5054—92）》和《爆破安全规程（GB 6722—2014）》的相关规定。

由于爆破器材库的特殊性，学生在总平面布置时可不进行爆破器材库场地的选择与布置。

第三节　行政福利设施布置

行政福利设施布置包括行政福利设施和住宅区两大部分内容。

一、行政福利设施布置

行政福利设施是采选工业场地的主体建筑物之一，既是矿山生产指挥中心，又是生活福利集中区，包括办公楼、医院、化验室、浴池、职工食堂、生活用锅炉房等。布置时主要考虑以下要求：

(1) 行政福利设施应距粉尘源、噪声源相对较远，且位于矿区主导风向的上风侧，周边进行适当的绿化与美化。

(2) 办公楼、职工食堂、医院等采选共用设施应尽量靠近采选两个工业场地中央，但浴池宜靠近副井井口，以方便井下工人；化验室则靠近选厂布置。

(3) 生活用锅炉房尽量与工业用锅炉房共用，不能实现共用时，则生活用锅炉房宜布置在靠近浴池的矿区主导风向的下风侧，不对办公生活环境造成污染。

二、住宅区布置

住宅区包括工人村、职工宿舍以及文化娱乐等公共设施，如俱乐部、影剧院、图书室、运动场、学校和商店等。住宅区的位置选择与布置需满足以下要求：

(1) 住宅区的位置应选在地表移动带范围以外、矿区主导风向的上风侧、环境优美和地势有利的地方，满足日照、通风、卫生条件良好的要求，尽量不占或少占农田。

(2) 在满足卫生和防护间距要求的条件下，尽量接近采选工业场地，但两者之间不应有铁路相隔，以步行不超过30min为宜，并有公路与工业场地连通。

(3) 住宅区布置时，宜以文化娱乐等公共设施为中心，职工宿舍分散于周边为格局，并注意绿化和美化环境，方便职工生活休闲。

第四节 地面运输系统布置

地面运输系统把各工业场地间的生产设施、各建筑物和构筑物有机联系为一个整体，是矿山地面总体布置的重要组成部分。矿山地面运输系统分为内部运输系统和外部运输系统。

矿山运输系统规划与布置时，运输方式的选择、线路系统的布置以及主要运输设备的确定需要经过方案比较，选取基建投资低、运营费用低的方案。

一、内部运输系统

矿山内部运输分为生产运输和辅助生产运输两类。

(一) 内部生产运输

内部生产运输主要是将矿石从井口（或平硐口）运往选矿厂原矿仓或储矿场；将废石从井口（或平硐口）运往废石场或尾矿坝；将尾矿从选矿厂运往（输送）尾矿坝。

生产运输方式应结合采矿工艺的要求，如矿床采用平硐开拓时，矿、废石的运输可采用窄轨铁路等。

(二) 内部辅助生产运输

内部辅助生产运输主要是将材料、设备运往井口（或平硐口），以及材料、设备在场地内各车间之间的运输等。

矿山内部的运输方式可分为铁路、公路、索道和带式输送机等。毕业设计时，学生可根据运输量的大小、运输距离的远近和场地的地形地貌，选择不同的运输方式，并根据不同运输方式对安全距离的要求，确定运输路线及其与周边建筑、构筑物的距离，运输线路的坡度与转弯半径必须满足运输设备的性能要求。

二、外部运输系统

矿山外部运输主要是由矿山向外部运输矿石或精矿产品，由外部向矿山运入生产材料、燃料、设备等。

常用的外部运输方式有准轨铁路、窄轨铁路、公路、架空索道等，设计时可根据运输量的大小、运输距离的远近和线路沿线的地形地貌，选择不同的运输方式。如对于运输量大、距离长的物资，可采用准轨铁路运输方式；运输量不大时，可采用汽车公路运输等。同样，运输线路的坡度与转弯半径必须满足运输设备的性能要求。

12 矿床开采进度计划编制

第一节 设计任务与内容

一、设计任务

矿床开采进度计划是指根据对矿山企业外部环境和内部条件的分析，用文字和指标等形式所表述的，在未来一定时期内矿床开采要达到的目标，以及实现目标的方案途径。矿床开采进度计划包括基建进度计划和采掘进度计划两类。

基建进度计划是从矿山基建破土动工开始，直至矿山达产为止。采掘进度计划是根据矿床开采顺序、采准等对应于回采工作的超前关系、矿块生产能力和新水平的准备时间等条件，编制出的采矿与生产期的开拓、采准、切割工程与回采进度计划。

学生需根据毕业设计的方向，完成基建进度计划或5~8年期采掘进度计划的编制任务。

二、设计内容

学生除完成毕业设计说明书的相关内容编制外，还应完成采掘进度计划或基建进度计划图表的编制工作。

（一）毕业设计说明书

根据设计的具体内容，本章的标题为“采掘进度计划编制”或“基建进度计划编制”，可分为3小节。

（1）当毕业设计内容为“基建进度计划编制”时：

第一节为“概述”。简要描述基建进度计划编制的目的与原则

第二节为“基建工程量”。简要描述矿井建设期的主要工程施工的内容，并按“表12-2基建工程量统计表”的格式反映出基建工程量的总体安排。列表时，应按单位工程、分部工程两级列出，并注意工程的空间位置和可能涉及的施工先后顺序。

第三节为“基建总工期”。给出主要工程类别的施工速度，编制基建进度计划图表，并简要描述矿井建设工程施工的关键线路、试生产时间、投产标准、投产时间、矿井建设的总工期等。

（2）当毕业设计内容为“采掘进度计划编制”时：

第一节为“概述”，简要描述采掘进度计划编制的目的与原则。

第二节为“年度采掘工程量”。简要描述矿山生产期的主要工程施工的内容，包括开拓工程、采准工程、切割工程及回采等，并按“表12-4 回采进度计划表”和“表12-5 掘进进度计划表”的格式，反映出生产期年度采掘工程的总体安排，以及实现的三级矿量。

第三节为“矿山达产期”。达产期是矿山建设过程中实现从建设期向生产期过渡的一个关键环节，是指矿山建设从达到投产标准并顺利投产开始，持续建设达到设计生产能力的阶段。设计时，给出各类工程的施工速度，编制采掘进度计划图表。图表要反映出达产第1年前的矿山达产期工程安排情况，以及各年度开拓、采准、切割及回采的工程量情况，并简要描述阶段转移、产量均衡情况等。

编写本章说明书时，力求文字简练，能用图表表达的尽量使用图表。

（二）进度计划图表

进度计划图表可采用横道图或网络计划图的形式，用Auto CAD绘制，并在图表中用相对较粗的线条反映出关键工程线路。

进度计划图表以毕业设计说明书附图的方式完成。

第二节 基建进度计划

基建进度计划是确保矿山建设项目按预定方案有步骤地进行施工、顺利投产、如期达产和达产后能够持续均衡生产的工程施工计划，包括了从基建项目从破土动工开始，到矿山达到设计生产能力的全过程。

一、编制基建进度计划的目的与原则

（一）编制基建进度计划的目的

（1）确定矿山建设的全部工程量，确定各个时期的建设工程量和采出矿石量，以及实现投产和达产所需的采准、切割与回采工作面数。

（2）确定矿山建设各单项工程的开始和结束时间、施工顺序，进一步确定矿山建设的总工期。

(3) 确定矿山建设不同时期的机械设备、材料和人员的需求计划，为人员培训和设备、材料供应提供依据。

(4) 为整个矿山建设的资金筹措和不同时期的资金需求准备提供依据。

(二) 基建进度计划编制的原则

编制基建进度计划时，应遵循以下原则：

(1) 按设计确定的基建工程量编制。

设计确定的基建工程量是确保矿山投产时达到《冶金矿山采矿设计规范》(GB 50830—2013) 规定的投产标准，形成完善的开拓、运输、提升、通风、排水等系统，以及地上地下安全、消防、机修等辅助生产系统与设施；是满足矿山投产和达产后保有的三级矿量，并使开拓、生产探矿和采准、切割和回采各个工序之间保持合理的超前关系的工程量。计划编制时，必须确保基建工程量的完成，特殊情况下可实行分期建设。

(2) 基建期的工程量安排保持基本均衡。

在保证控制性工程，如竖井、斜坡道、斜井、主要贯通工程按计划完成的前提下，采取平等作业等措施，调整工作面数量，尽量使年度、季度和月度完成的井巷工程量、使用的人员和设备保持均衡。

(3) 基建周期最短。

编制基建进度计划时，要充分发挥技术可能性，通过选用切实可行的井巷成井速度，采取合理的施工组织方案，尽可能采用平等作业方式，必要时增加措施工程等方式，加快建设速度，缩短建设工期。

二、基建进度计划编制的基本要求

基建进度计划编制时所需要的基础资料：

(1) 企业对建设期的要求，如投产与达产时间。

(2) 基建工程范围和基建工程量，井巷工程断面图、长度、开凿量、支护形式及材料消耗量等。

(3) 矿床的开拓系统图，通风、运输系统图，基建阶段平面图，采矿方法、主要工程施工顺序及矿山开采顺序。

(4) 阶段、矿块的地质储量与可采储量。

(5) 主要工程（各种井筒）的地质剖面图及阶段地质平面图。

(6) 设计采用的井巷成井成巷定额或施工单位能够达到的成井成巷速度，施工准备时间和设备安装时间。

(7) 基建期采用的劳动组织形式和工作制度。

（8）改扩建矿山的开拓、运输、通风系统图及阶段平面图等。

三、基建工程量的确定方法

地下矿山建设时，基建工程量的确定方法有两种：一是按设计生产规模所需的三级矿量确定；二是按矿山投产标准确定。

1. 按设计生产规模所需的三级矿量确定基建工程量法

此法是以矿山达到设计生产能力时所需准备的三级矿量为目标，为实现此目标必须完成的井巷工程量，即为基建工程量。

地下矿山建设生产准备矿量保有期的一般标准见表 12-1。

表 12-1　回采进度计划表

准备矿量等级	保有期/年	
	黑色金属矿山	有色金属矿山
开拓矿量	3~5	>3
采准矿量	0.5~1	1
备采矿量	0.25~0.5	0.5

如某地下铁矿山设计生产能力为1500kt/a，根据表 12-1 所规定的三级矿量标准，矿山达到设计生产能力时，开拓矿量需达到 4500kt，采准矿量需达到 1500kt，备采矿量需达到 75kt。为准备以上三级矿量而应完成的基建期掘进工程量为该矿山的基建工程量。

2. 按矿山投产标准确定基建工程量法

以矿井投产时所需准备的三级矿量为标准，计算应保有的三级矿量所应掘进的井巷工程量，即为基建工程量。

《冶金矿山采矿设计规范》（GB 50830—2013）对矿山建设的投产标准做了明确的规定：

（1）矿山建设的投产时间应根据各矿山的具体情况计算确定。

（2）矿山主要开拓运输系统、采切井巷工程、矿石加工工程、通风防排水工程、供电供水工程、机汽修设施等应已建成。

（3）安全设施、工业卫生设施和环境保护设施应已按设计要求建成。

（4）行政、生活福利设施应基本建成。

（5）主要工艺设备应安装配套，应经负荷联动试车合格构成生产线，并形成一定生产能力，同时应生产出设计文件规定的产品，使生产准备矿量达到规定的标准且能保证矿山投产后安全持续生产，并应按规定时间达到设计规模。

（6）矿山形成的综合生产能力应已达到设计规模的要求，即特大型、大型矿山达到30%~40%，中小型矿山达到40%~60%。

（7）矿山投产时的采矿生产准备矿量保有期限可按设计规模计算，也可按开拓矿量3~5年、准备矿量6~12个月、备采矿量3~6个月确定。

四、基建进度计划编制的内容与方法

基建进度计划的内容与形式力求简单明了，利于操作，一般按月份或按季度编制。基建进度计划表中，需对所有的基建时期的井巷工程量安排其施工进度计划；对于在达到设计规模时必须完成的井巷工程量，按较详细的分项或单项工程安排其施工进度计划；对基建期的开拓、基建探矿、采准、切割工程量，则按不同阶段列出其施工进度计划。

基建进度计划包括文字说明和基建进度计划图表两大部分。

1. 文字说明

（1）编制基建进度计划的依据；

（2）矿山基本建设工程的范围和基建工程量；

（3）主要井巷工程的工程地质与水文地质条件、施工方法和施工顺序、支护方式；

（4）各类井巷工程施工的成井成巷速度及其确定依据；

（5）同时进行开拓、采准、切割和回采的阶段数和顺序；

（6）基本建设期同时进行作业的井巷工作面数量、同时作业的凿岩机和铲运机的台班数；

（7）逐年完成的基建井巷工程量；

（8）矿山投产标准、投产和达产时的三级矿量情况，基建期副产矿石量等；

（9）加快基建进度的措施，矿井建设期的关键线路、矿山建设的总工期等。

2. 基建进度计划图表

基建进度计划图表的编制按以下步骤进行：

第1步，按表12-2的格式统计基建工程量。

基建工程量，是指“地下矿山为保证矿山投产和达产时应具备的采矿生产准备矿量和必要的采矿工作面而掘进的井巷和硐室工程量”。

第2步，确定各类工程施工速度，并在表12-2中给出。

第3步，计算各单位工程的施工工期。

第4步，确定各单位工程的施工顺序。

第5步，确定基建工程施工的关键路线、基建总工期，分析其合理性。

第6步，按表12-3的格式，采用Auto CAD绘制基建进度计划图表。

表 12-2 基建工程量统计表

序号	工程名称	断面面积		工程量		施工速度	所需时间	备 注
		净断面	掘进	长度	体积			
		m^2	m^2	m^3	m^3	m/m	月	
一	主井系统							
1	井颈							钢筋砼支护
2	井筒							砼支护
3	箕斗装载硐室							砼支护
⋮	⋮							⋮
	小 计							
二	副井系统							
1	井颈							钢筋砼支护
2	井筒							砼支护
3	马头门							砼支护
⋮	⋮							⋮
	小 计							
⋮	⋮							⋮
	总计							

五、基建进度计划编制时注意的问题

(1) 编制基建进度计划的依据；

(2) 矿山基本建设工程的范围和基建工程量；

(3) 主要井巷工程的工程地质与水文地质条件、施工方法和施工顺序、支护方式；

(4) 各类井巷工程施工的成井成巷速度及其确定依据；

(5) 同时进行开拓、采准、切割和回采的阶段数和顺序；

(6) 基本建设期同时进行作业的井巷工作面数量、同时作业的凿岩机和铲运机的台班数；

(7) 逐年完成的基建井巷工程量和实现的三级矿量等。

表 12-3　基建进度计划图表

序号	工程名称	掘进断面	支护方式	工程量		月速度	所需时间	准备期			第1年												第2年												…	备注
				长度	体积						1季度			2季度			3季度			4季度			1季度			2季度			3季度			4季度			…	
		m^2		m	m^3	m（m^3）	月	1	2	…	1	2	3	4	5	6	7	8	9	10	11	12	1	2	3	4	5	6	7	8	9	10	11	12	…	
一	主井系统																																			
1	施工准备							××个月																												
2	井颈										×个月																									
3	井筒												××个月，××m/××m^3																×个月							
4	箕斗装载硐室																										×个月									
5	井筒装备																														××个月					
⋮	⋮																																			
小计																																				

续表 12-3

序号	工程名称	掘进断面	支护方式	工程量		月速度	所需时间	准备期			第1年												第2年												…	备注
				长度	体积						1季度			2季度			3季度			4季度			1季度			2季度			3季度			4季度			…	
		m²		m	m³	m (m³)	月	1	2	…	1	2	3	4	5	6	7	8	9	10	11	12	1	2	3	4	5	6	7	8	9	10	11	12	…	
二	副井系统																																			
1	施工准备							××个月																												
2	井颈										××个月																									
3	井筒													××个月，××m/××m³																						
⋮	⋮																																			
基建总工程量（m/m³）						开拓工程量（m/m³）								采准工程量（m/m³）															切割工程量（m/m³）							
建设总工期（月）						建设月历工期					1	2	3	4	5	6	7	8	9	10	11	12	13	14	15	16	17	18	19	20	21	22	23	24	…	

注：图表两端与图框线重合。

第三节　采掘进度计划

一、采掘进度计划编制的目的

采掘进度计划主要是确定各矿体、各阶段和各矿块开采顺序，生产过程中采矿与掘进的超前关系、不同采矿方法的出矿比例，从矿山投产到达产以及达产后逐年采出矿量、出矿品位和需完成的掘进工程量，生产准备矿量和三级矿量等的一项系统工作。通过采掘进度计划的编制，学生可以：

（1）验证或确认矿山回采和掘进的逐年发展情况；

（2）进一步核实矿山在预定期限内能否达到设计生产能力；

（3）核实矿山达产后能否实现持续均衡生产；

（4）通过具体安排回采的先后顺序、逐年的矿石产量，确定矿山具体的投产与达产日期；

（5）确定采掘工作所需的人员和设备数量；

（6）根据确定的矿山开拓、生产探矿、采准、切割与回采工作的超前关系，进一步验证基建与生产的衔接、掘进工程量的安排，实现矿山持续均衡生产。

二、采掘进度计划编制的原则

（1）在技术可行、经济合理和安全可靠的前提下，使矿山尽量提前投产和达产；

（2）遵循合理的开采顺序，如矿体、阶段、矿房与间柱的合理回采顺序，必须进行合理的安排，相互协调；

（3）在遵循合理开采顺序和确保生产安全的条件下，尽量优先开采富矿段，并实行贫富兼采，充分考虑采出矿石的品位波动在选矿工艺要求的范围内，以提高矿山初期盈利水平，及早偿还矿山建设投资；

（4）尽量做到按阶段、矿块、采矿方法、矿房和间柱等分项排产，矿山开拓、生产探矿、采准、切割与回采工作的超前关系合理，并使矿山产量和质量在长时间内保持稳定；

（5）由于生产调节（如矿石品位）、矿柱回采等原因造成开采顺序不合理时，采取可靠的安全措施，确保不破坏开拓、运输和通风系统，不对以后的回采顺序造成影响；

（6）保持井下通风条件良好，运输畅通，六大系统符合安全要求，安全、环保、卫生设施完好；

(7) 保持矿山每年所需的设备、人员、材料基本均衡。

三、采掘进度计划的编制

(一) 采掘进度计划编制的依据

编制采掘进度计划所需的基础资料一般包括:

(1) 设计矿山的生产规模、产品方案和矿山的投产与达产时间。

(2) 矿床的开拓、运输、通风系统图及回采顺序。

(3) 各阶段、各矿体(或矿块)的矿石储量。

(4) 阶段平面图、矿体纵投影图、井巷工程断面图。

(5) 设计采用的采矿方法(包括矿柱回采方法)图、各种采矿方法的比例,以及采矿方法对应的技术经济指标,如损失率、贫化率、矿块生产能力、千吨采切比等。

(6) 矿山开拓、生产探矿、采准、切割与回采工程量和采准、切割与回采计算等相关资料。

(7) 新建矿山的基建进度计划,改、扩建矿山的开采现状图和生产计划。

(二) 采掘进度计划的内容与编制方法

学生毕业设计中编制的通常是以表格和文字两个组成部分来表达计划编制的意图和结果,要求两个组成部分相互配合,对照无误。

(1) 文字部分要说明采掘计划编制的原始资料、编制原则和采掘顺序。

(2) 表格中列出开采范围内各阶段的可采储量、品位和金属量,并根据设计推荐的采矿方法和矿体赋存条件所确定的矿石损失率与贫化率,计算的各阶段(矿体或矿块)的采出矿石量、出矿品位和金属量等(在说明书中形成插入式表格)。

(3) 参照类似矿山的开采年下降速度,或按各阶段能够布置的矿块数和设计确定的矿块生产能力,计算各阶段、各矿体的基建期末、逐年的采出矿量与保有三级矿量,同时回采的阶段数等,用表 12-4 回采进度计划表的形式记录。

(4) 矿山投产后的逐年井巷掘进进度计划是按设计确定的正常生产期的开拓、生产探矿工程、按标准采矿方法计算出的采准和切割工程,分阶段、分作业项目列出的逐年作业量进度计划,用表 12-5 掘进进度计划表的形式记录。

(5) 将回采计划(表 12-4 的内容)与掘进计划(表 12-5 的内容)合并编制在一起,按表 12-6 的格式绘制形成矿山的采掘进度计划图表(毕业设计附图)。

(6) 当开采矿种为有色或贵金属矿种,在计算地质储量和可采储量时,需根据开采矿段(或矿块)的平均品位,计算出相应的金属量;计算采出矿石量时,还应结合损失率与贫化率计算采出矿石品位与采出的金属量。对于多金属矿床,可按市场价格将其他金属品种的品位和金属量折算为主采金属的品位和金属量(也可按多金属种类分开计算)。

表 12-4 回采进度计划表

阶段标高	矿体编号	采场数量及储量				地质储量	可采储量	采出矿石量	基建期末								第1年末								第2年末	…
		可布置采场数	采场平均储量	实际布置采场数	可采平均储量				采场数量（个）		采出矿量（kt）			保有三级矿量（kt）			采场数量（个）		采出矿量（kt）			保有三级矿量（kt）			同前	同前
		个	kt	个	kt	kt	kt	kt	采准	切割	开拓	采准	合计	开拓	采准	备采	采准	切割	开拓	采准	合计	开拓	采准	备采	同前	同前
总计																										

注："第 2 年末"及以后年份的栏目内容与"第 1 年末"的内容相同。

表 12-5 掘进进度计划表

阶段标高	矿体编号	采场数量		达产期							第 1 年末							第 2 年末	…
		可布置采场数	实际布置采场数	开拓工程量		采准工程量		切割工程量		合计	开拓工程量		采准工程量		切割工程量		合计	同前	同前
		个	个	m	m^3	m	m^3	m	m^3	m^3	m	m^3	m	m^3	m	m^3	m^3	同前	同前
总计																			

注："第 2 年末"及以后年份的栏目内容与"第 1 年末"的内容相同。

表 12-6 矿山采掘进度计划图表格式

阶段标高	矿体编号	工程项目名称	单位	数量		采掘进度计划																													备注
						达产期（年）				第1年												第2年												…	
				掘进量	出矿量	1	2	3	…	1	2	3	4	5	6	7	8	9	10	11	12	1	2	3	4	5	6	7	8	9	10	11	12	同前	
××阶段	×矿体	开拓工程	m^3				×× m^3				×× m^3																							同前	
	×矿体	采准工程	m^3				×× m^3				×× m^3																							同前	
	×矿体	切割工程	m^3				×× m^3							×× m^3																				同前	
	×矿体	回采	kt				×× kt									×× kt							×× kt											同前	

续表 12-6

阶段标高	矿体编号	工程项目名称	单位	数量		采掘进度计划																													备注
						达产期（年）				第1年												第2年												…	
				掘进量	出矿量	1	2	3	…	1	2	3	4	5	6	7	8	9	10	11	12	1	2	3	4	5	6	7	8	9	10	11	12	同前	
××阶段	××矿体	开拓工程	m^3														×× m^3							×× m^3										同前	
××阶段	××矿体	采准工程	m^3															×× m^3							×× m^3									同前	
××阶段	××矿体	切割工程	m^3																×× m^3							×× m^3								同前	
××阶段	××矿体	回采	kt																									×× kt						同前	
⋮	⋮	⋮																																同前	
总计						同后				采出矿量×× kt，掘进量×× m^3												采出矿量×× kt，掘进量×× m^3												同前	
生产能力		采出矿量（kt/a）																																同前	
生产能力		掘进量（m^3/a）																																同前	

注：图表两端与图框线重

(三) 编制采掘进度计划时应注意的问题

(1) 为确保矿山逐年产量、品位及矿产品种类的均衡，可采取局部改变回采顺序、增加备用采场数量等方法。

(2) 同时开采多个矿体时，可分矿体单独编制回采计划，并合理将其叠加成矿山的逐年产量计划。

(3) 矿体较规则时，采准切割工程量可按有代表性矿块的采矿方法图计算；如矿体厚度和倾角变化较大，则按实际布置矿块的方法计算。

(4) 对于工程量较小的矿山，可将基建进度计划与生产掘进计划编制在一起，回采计划单独编制。

(三) 采掘进度计划图表形式

目前，国内所用的采掘进度计划图表形式较多。毕业设计时，学生可按表12-6矿山采掘进进度计划图表格式的内容与形式，采用 Auto CAD 绘制。

附录　采矿工程专业（本科）毕业设计大纲

一、毕业设计的目的和任务

采矿工程毕业设计是采矿工程专业学生学习的最后一个教学环节。通过毕业设计，使学生对所学的基础理论知识和专业理论知识进行一次系统性的总结，并结合实际条件加以综合运用，以巩固和扩大所学的知识，培养和提高学生分析和解决实际问题的能力和素质，丰富学生的生产实际知识。同时，在毕业设计中，通过对某一理论或生产实际问题的深入分析研究，培养、锻炼和提高学生的科技论文写作能力。

二、毕业设计资格

学生必须完成教学计划所规定的全部课程，完成所有课程设计、教学、实习并取得合格成绩后，才允许开展做毕业设计。

三、完成毕业设计遵循的原则

毕业设计是按照给定矿山的地质条件，完成一个矿床开采初步设计的主要内容。毕业设计必须按照毕业设计大纲的要求进行，完成大纲规定的全部工作量。

设计中必须遵守国家《金属非金属矿山安全规程》（GB 16423—2006）和《冶金矿山采矿设计规范》（GB 50830—2013）等有关的规范、规定、标准和技术政策。

毕业设计中必须注意生产安全和改善矿工的劳动条件；要因地制宜地采用现代采矿新技术，尽可能地简化生产系统，缩短建井工期和减少初期工程量，提高采掘工作面单产；尽可能地提高劳动生产率，降低原材料消耗，以期获得较好的技术经济指标，实现高产高效；尽可能地提高矿产资源采出率。

学生在毕业设计过程中应尽量发挥自己的创造能力，鼓励针对理论上或生产实际中某一具体问题进行较为深入细致的设计、研究，初步锻炼应用能力，在内容、方法或结论的某一方面尽可能有创新。

四、毕业设计的选题和进行方式

毕业设计题目，原则上以毕业实习矿井的自然地质条件为依据，必要时可对具体条件作某些更改，但不能简化太多，修改的部分必须征得指导教师同意。

毕业设计题目确定后，一般不得轻易改变。必须修改题目时，需取得指导教师的同意；如有特殊情况，还需经系（所）批准。毕业设计的全部内容应由学生独立进行和完成，不能让人代做或抄袭。当矿井的地质条件十分复杂时，对于开拓、开采方案等的原则问题，学生之间可以进行讨论。

每个学生必须按大纲要求独立完成毕业设计说明书和毕业设计图纸一套。

毕业设计大纲中规定的章节顺序，只是规定了说明书编写的顺序，并不表示设计顺序。由于设计中有许多章节是相互交错的，因此在进行设计时，有时后面的章节要先行设计；有时只能按选定的数值进行计算，待其他部分完成后，再修改原来选定的数值，重新进行计算。在安排设计顺序时，应充分考虑这种特点，尽量减少返工修改的过程；同时，应当把这种性质的修改视为设计过程的深入，是使设计更接近正确和合理的过程。

在设计过程中，为保证设计进度，同时应当注意避免由于疏忽或决定错误而造成较大工作量的返工修改，以免影响设计进度。

五、关于毕业设计图纸和说明书的规定

1. 毕业设计图纸

要求学生独立完成与毕业设计说明书配套的毕业设计图纸一套（不包括毕业设计说明书中的插图），至少5张，分别是：

（1）开拓系统垂直纵投影图：比例为1∶1000或1∶2000。要求带水平标高线、地质剖面线、主要开拓巷道、辅助开拓巷道、矿体纵投影边界线、开拓水平、标题栏等。

（2）开拓系统平面图（至少1张是含有排水系统的阶段平面）：比例1∶1000或1∶2000，图中要有坐标网、指北方向、矿区边界、地质构造、首采中段矿体平面图、矿井首采中段开拓工程、地表移动带、矿体地质剖面线、垂直纵投影线、标题栏等。

（3）采矿方法图：比例为1∶500，图中矿体要依据设计对象矿山实际矿体参数绘制。

（4）井巷断面图：比例为1∶50~1∶20。

（5）采掘进度计划图表：绘制投产及达产以后5年采掘生产计划；或基建工程进度计划图表，从基建准备开始到建设项目达产。

毕业设计图纸应满足以下要求：

（1）正确反映设计的内容和意图。

（2）设计符合《采矿制图标准》中的各项要求。

（3）图面布置整齐、均匀、清洁、美观。

（4）线条清楚，尺寸准确，比例标准。

（5）字体工整。

毕业设计图纸建议采用计算机绘制。对不合质量要求的图纸，必须进行修改或重新绘制。

对毕业设计图纸及标题栏作如下规定：

（1）图纸一般采用 1 张 A1 图纸绘制，根据图大小可适当调整图幅。

（2）图纸四周应有图框。

（3）图的右下角应用规定式样的图题栏。

（4）各图应以采矿制图标准绘制，可参考《采矿制图标准》、《采矿设计手册—（矿床开采卷）》。

（5）图中应采用不同图例区分出已掘和待掘巷道。

（6）为保证图纸整洁和清晰，井巷名称在图内用数字标明，在图外适当位置用仿宋体工整地写明。反映同一井巷名称的数字，在平面图和剖面图上应一致，数字和外文字按工程体书写。

2. 毕业设计说明书插图

说明书中的插图一般可大致按比例绘制，要求其尺寸大体与实际情况相似。所有插图均应按章编号，并在图的下方注明图的名称。

3. 毕业设计说明书的编写

毕业设计说明书是把各章节中的计算、分析、比较以及最后确定的内容简单而系统地加以说明，说明书的编写直接影响毕业设计质量。对说明书的编写提出以下要求：

（1）叙述要简明扼要。对所采用的方案和主要依据要结合具体矿山的条件叙述确切，不能生搬照抄教科书及手册中的相关内容。

（2）文理通顺，字体工整清楚。说明书样式、格式要依照学校本科毕业论文要求书写。打印前其原稿应由指导教师审查批准。

（3）文字说明应与所绘制的图表密切配合，不得出现矛盾。对不符合上述要求的说明书，必须重新修改。待指导教师认可后方可打印。

此外，对设计说明书还作如下规定：

（1）说明书一律 A4 纸打印。

（2）说明书必须由设计人编写，每章应重新开页，各章节标题均应用较大字体正楷书写。说明书内容一律由左向右横写。

（3）对于所引用的公式和主要原理以及引证的依据，均应在文字说明的右上方加注编号，该编号应与说明书正文后所附的参考文献编号相符。

（4）说明书中引用的公式，均应将所有符号及单位加以说明；计算时将数字代入后，可直接写出答案，不必将计算过程详细列出。

（5）说明书中所出现的计量单位及其符号应符合国家有关规定，使用法定计量单位（国际通用单位）。

（6）说明书中所有的表格（两端不封闭）均应注明名称，并按章编号。

（7）说明书正文之前应编写章节目录。

（8）说明书的章节一般应按大纲规定编写，如果次序及内容需要变动时，应经指导教师同意。

（9）说明书应按统一格式装订。“设计任务书”字样作为首页，应按顺序装订在最前面。

（10）在说明书后要注明主要参考文献，其格式是：

1）著作：“［序号］作者. 著作名［M］. 出版地点：出版社名，出版年份.”

2）论文：“［序号］作者. 文章名［J］. 期刊名，年份. 总卷号（期号）：页码范围.”

（11）毕业设计说明书正文必须附有500字左右的中、外文摘要，摘要内容要保证准确、简练、扼要，表达清楚。

参考文献

[1] 解世俊．金属矿床地下开采［M］. 北京：冶金工业出版社，1986.
[2]《采矿设计手册》编写委员会．采矿设计手册·矿产地质卷［M］. 北京：中国建筑工业出版社，1989.
[3]《采矿设计手册》编写委员会．采矿设计手册·矿床开采卷［M］. 北京：中国建筑工业出版社，1987.
[4] 中华人民共和国国家标准．金属非金属矿山安全规程（GB 16423—2006）［S］. 北京：中国标准出版社，2006.
[5] 中华人民共和国国家标准．冶金矿山采矿设计规范（GB 50830—2013）［S］. 北京：中国计划出版社，2013.
[6] 王青．采矿学［M］. 北京：冶金工业出版社，2006.
[7]《采矿设计手册》编写委员会．采矿设计手册·井巷工程卷［M］. 北京：中国建筑工业出版社，1989.
[8]《采矿设计手册》编写委员会．采矿设计手册·矿山机械卷［M］. 北京：中国建筑工业出版社，1988.
[9]《煤矿矿井采矿设计手册》编写委员会．煤矿矿井采矿设计手册（上、下册）［M］. 北京：煤炭工业出版社，1984.
[10] 王运敏．现代采矿手册（上、中、下册）［M］. 北京：冶金工业出版社，2012.
[11] 胡杏保，郭进平．矿山企业设计原理［M］. 北京：冶金工业出版社，2013.
[12] 陈　寰．矿山运输［M］. 北京：化学工业出版社，1994.
[13] 庄　严．矿山运输与提升［M］. 徐州：中国矿业大学出版社，2009.
[14] 王进强．矿山运输与提升［M］. 北京：冶金工业出版社，2015.
[15] 钟春晖，丁元春．矿井运输与提升［M］. 北京：化学工业出版社，2013.
[16] 王运敏．中国采矿设备手册［M］. 北京：科学出版社，2007.
[17] 黄开启．矿山工程机械［M］. 北京：化学工业出版社，2013.
[18]《采矿手册》编辑委员会．采矿手册［M］. 北京：冶金工业出版社，1988.
[19] 王英敏．矿井通风与安全［M］. 北京：冶金工业出版社，1982.
[20] 中华人民共和国安全生产行业标准．金属非金属地下矿山通风技术规范（AQ2013. 1-2008）［S］. 北京：煤炭工业出版社，2009.
[21] 于润沧．采矿工程师手册［M］. 北京：冶金工业出版社，2009.
[22] 刘子云．矿井通风与防尘［M］. 北京：冶金工业出版社，2016.
[23] 浑宝炬，郭立稳．矿井通风与防尘［M］. 北京：冶金工业出版社，2007.
[24] 刘过兵．采矿设计指导［M］. 北京：煤炭工业出版社，2004.